インプレスR&D［NextPublishing］

New Thinking and New Ways
E-Book / Print Book

自宅・ノートPC
インスタンス構築ガイド

**マストドンを
持って
街へ出よう！**

児島 新 ｜ 著

Mastodon

ノートPCでもマストドン！

impress
R&D
An Impress
Group Company

JN194559

目次

はじめに

　マストドンは、古き良きTwitterを彷彿とさせる新しいSNSです。それはTwitterの良い部分をそっくりそのまま継承し、ユーザの不満点を可能な限り排除しています。

　かつてTwitterはその圧倒的な手軽さと外部の開発者に対する手厚いサポートで一躍支持を得るようになりました。誰に向かって言うでもなく、ただ二言三言ぽつんと「つぶやく」行為に、他のSNSでの足あと機能やコミュニケーションのプレッシャーで疲弊していた当時のユーザは熱狂しました。

　私がはじめてTwitterを知ったのは、毛細血管ネット接続インターフェース「秋月パルス[1]」のニュースを見た時でした。そのギークっぷりとブラックジョークの切れ味は、私がTwitterのポテンシャルを理解するのに十分なインパクトを持っていました。「俺、昇天なう」は少なくとも私にとって新大陸発見だったのです。

　しかし革新性は長くは続きません。企業が自社の評価をTwitterで検索し、ニュースがTwitterを追いかける様になった頃、パブリックタイムラインはひっそりと姿を消しました。さらにサードパーティのクライアントアプリは締め出され、広告がそこかしこに溢れかえり、多くのアカウントが理不尽な理由で凍結されていきました。私はいつしかTwitterが行う機能のアップデートのひとつひとつが、日々発信されるツイートの鮮度を徐々に奪っていると感じるようになっていました。私が欲しかったのは常に誰かの最新情報であって、「あなたが見落としたかもしれないツイート」では無かったからです。

　マストドンの話題が日本で沸騰した2017年4月、私はこの直感が正しかった事を認識しました。横幅たった315px、ダークカラーのタイムラインに繰り広げられる無数のトゥートは、さながらかつて香港に実在した九龍城砦のようにエキゾチックな魅力と興奮を振りまいていました。

マストドンはAGPLでライセンスされた、オープンソースのソフトウェアです。実際に興味があって、インスタンスを建ててみようと思われた読者の方もいるかもしれません。しかし、実際にインスタンスを運用し、ユーザを抱えてメンテナンス対応となると、一体どこから手を付けていいのか途方に暮れてしまうケースも少なくないのが現状です。

これがマストドン（？）だ！（https://commons.wikimedia.org/wiki/File:KWC_-_Playground.jpg）

自宅サーバーを構築する難しさ

インスタンスを建てる為には何が必要でしょうか。まず、マストドンインスタンスが動くサーバーを用意する必要があります。サーバーには固定IPアドレスが割り当てられており、ドメイン名がそのIPアドレスを指すよう設定されます。ドメイン名はDNSによって世界中のコンピュー

タやモバイル端末がサーバーに接続できるようになっています。

　もし自分の家でサーバーを構築しようとするなら、一般的な動的IPア
ドレスによるプロバイダ契約とは異なり、固定IPアドレスを用意しなけ
ればなりません。IPアドレスが変更される度に動的にDNSを操作するダ
イナミックDNSを利用する方法もありますが、手元のIPが変わる度に
キャッシュを待つなんて悠長な事はしたくありませんし、DNSの逆引き
設定ができない制約もあります。

　加えてほとんどの家庭が当てはまると思いますが、家のネットワーク
が家庭用のルータを経由してインターネットと接続している場合、サー
バーをインターネットからアクセスできるようにするため専用のルータ
を用意しなければなりません。わざわざ家のネットワークを止めてまで、
複雑な設定変更を行うにはある程度勇気も必要ですし、ルータの設定ミ
スによって「ルータの設定方法がわからなくなった」といった状況は極
めて惨めです。　こういった事情があり、マストドンのインスタンスを建
てるにはまず外部のクラウドサービスと契約するのがほぼお決まりの手
順になっています。

　しかしマストドンを運用するのにクラウドサービスは必須ではありま
せん。実は仮想プライベートネットワーク（VPN）を利用して、既存の
ネットワーク環境を壊さずに手元のサーバーを家庭からインターネット
に公開する方法があります。

VPNによる接続経路の仮想化

　読者の中にはVPNを「接続する為のツール」として利用された経験の
ある方もいらっしゃるかもしれません。一般的にVPNというと、自宅か
ら会社のネットワークに参加するといった場合に利用されます。しかし、
VPNの活用事例はこれだけではありません。実は「接続させる為のツー
ル」としてもVPNを利用することができるのです。

つまり、ユーザ側がVPNサーバーに対して接続するのではなく、マストドンインスタンス側から固定IPアドレスを持つVPNサーバーに接続を行い、そのサーバーが持つ固定IPアドレスに対するアクセスを全てVPN接続元であるインスタンスに回してしまおうというものです。これによりルータの内側に置かれたサーバーはVPN接続によってインターネット上に露出することとなり、世界中の端末からアクセスすることが可能になります。

　インスタンスの環境を可能な限り自分の目の届く範囲で賄うのは、マストドンのモットーである「非中央集権」にも合致します。VPNを使ってサーバーを公開すると、自宅サーバーにまつわる様々な煩わしさから解放され、自宅のネットワークどころか街中のカフェからでもノートPC上のインスタンスを公開できるようになります。現在動いているネットワーク環境をあれこれいじったり、LANケーブルを引き回したりといった作業は必要ありません。全てソフトウェア上で完結します。

　本書では固定IPアドレス付きのVPNサービスを利用することにより、物理的に持ち運び可能で、他インスタンスとも連合できる、独自インスタンスの構築・公開について紹介します。

　皆さんも、インスタンスを持って街へ出てみませんか？

1.http://www.itmedia.co.jp/news/articles/0907/02/news085.html

事前準備

　マストドンのインスタンスをセットアップする前に、いくつか事前に必要な作業があります。まずなにより実際に動くノートPC、次にインスタンスのドメイン名と、固定IPアドレスを割り振ってくれるVPNサービスが必要です。ドメイン名の登録とVPNサービスは共に有料ですのでご注意ください。この章では実際に手を動かしてセットアップを行う前に、それぞれの項目について説明します。

ノートPC

　本書は以下の環境を想定します。

マシン構成

ホストOS	Windows 10 Home 64bit
バーチャルマシン	VMware Player
ゲストOS	Ubuntu Server 16.04 LTS
VPNソフトウェア	マイIPソフトイーサ版

ドメインの取得

　ドメインの取得は様々な業者で行うことができますが、ここではインターリンク社の「Gonbei Domain」を利用します。ブラウザでgonbei.jpにアクセスし、希望するドメイン名を検索します。

本書では例として"vpndon.moe"のドメイン名で登録を行います。

オプションは指定しなくてかまいません。そのまま購入手続きを進めます。

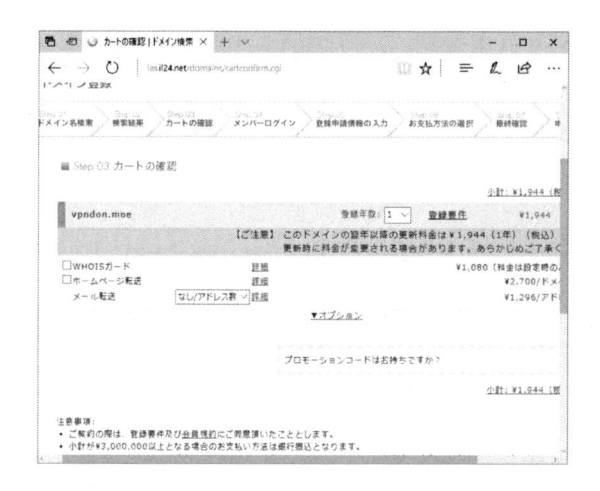

あなたがもしこれまでにGonbei Domainでドメインを取得したことがあればサービスにログインします。はじめての場合はメンバー登録し、登録申請情報を入力します。

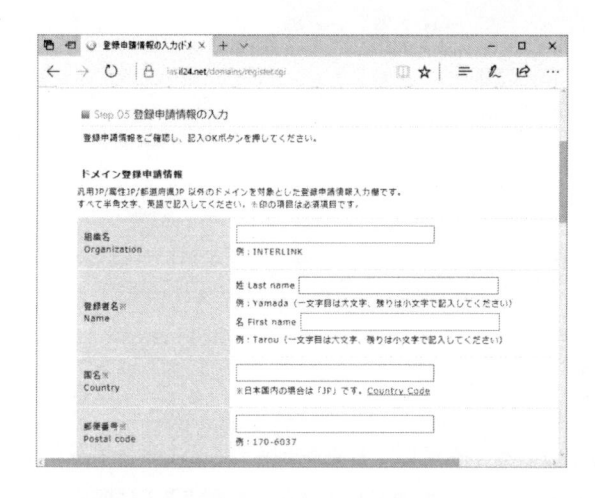

ページ下部でDNSの設定があるので、無料DNSを選択します。

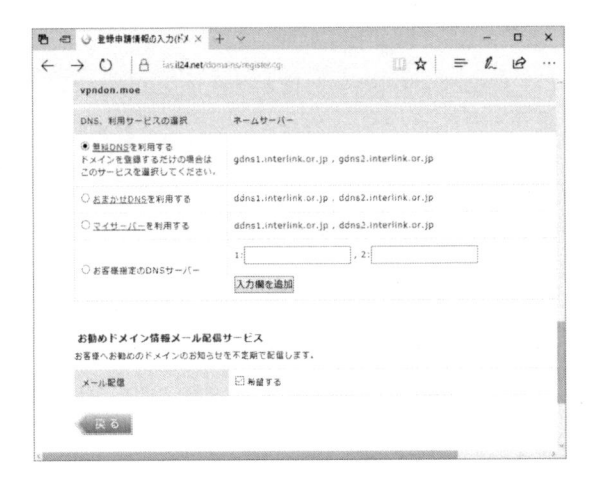

支払い方法を決定すると確認画面に移ります。

　登録内容に問題がないことを確認して手続きを完了させます。手続き
が滞りなく行われると、「登録メールアドレス実在証明手続き」に関する
メールが送られてきますので、メールに含まれるリンクにアクセスし、
証明手続きを行います。

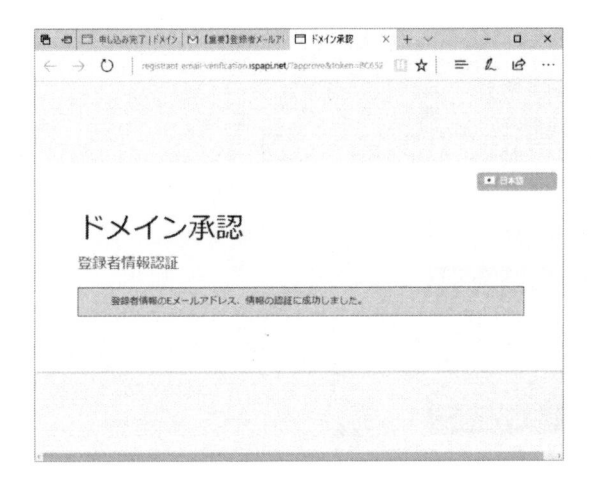

VPNサービスの申請

　ブラウザでinterlink.or.jpにアクセスし、サービス一覧からマイ IP ソフトイーサ版の申し込みを行います。

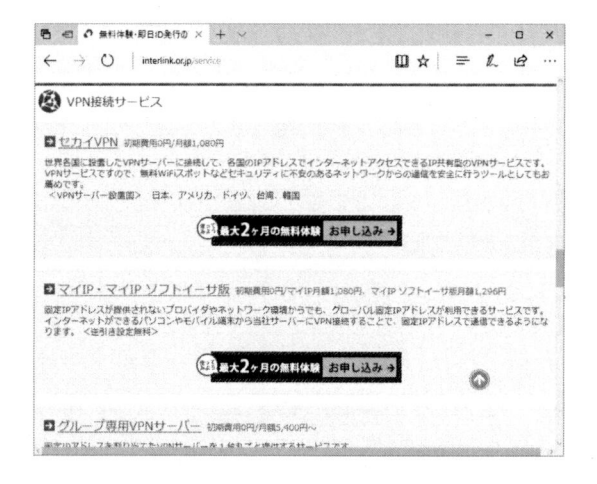

右側のマイ IP ソフトイーサ版を選択します。

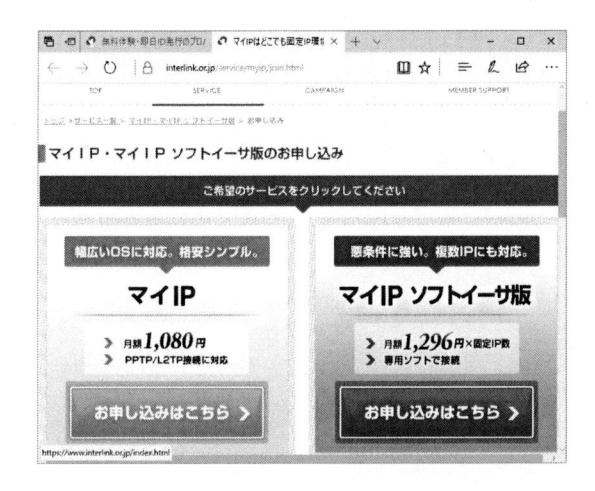

メンバーIDとパスワードを入力します。

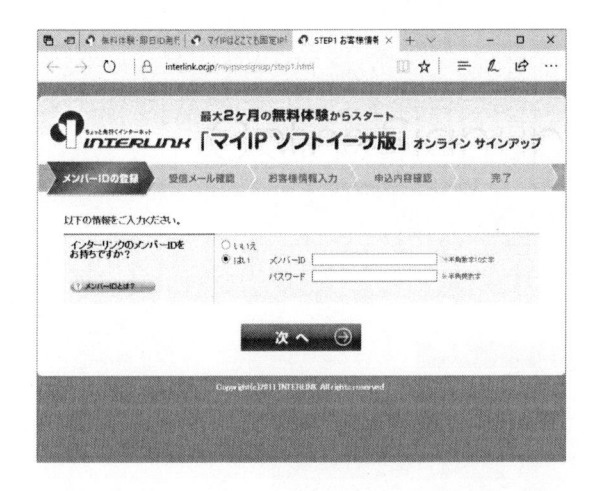

無料体験後の支払い方法を選択し、固定IP数を1として、自動発行にチェックを入れます。

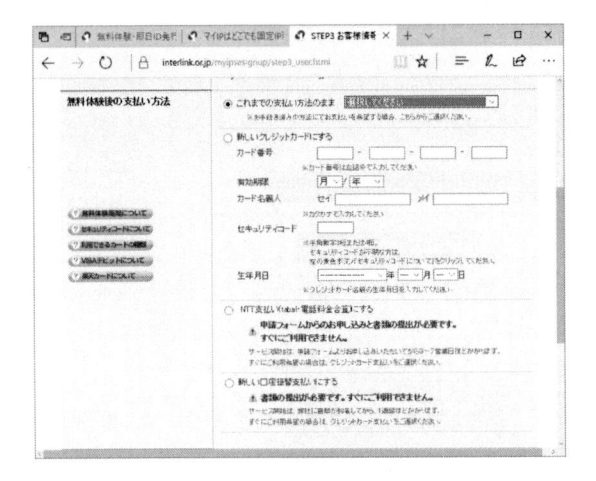

次に進むとIPアドレスの確認画面が出るので、「次へ」をクリックします。

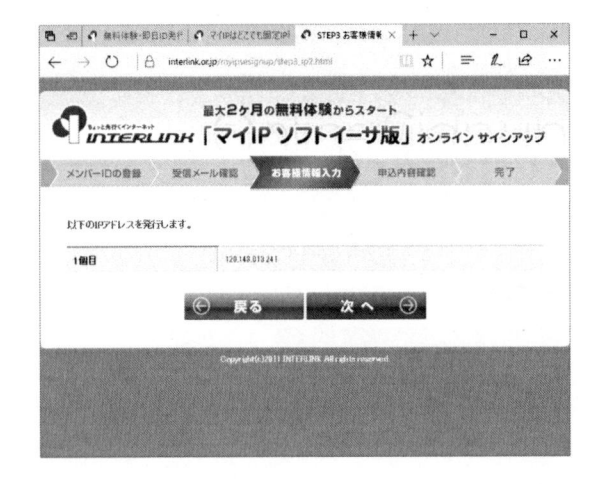

最後に確認画面が出るので、内容を確認して申し込みを行います。

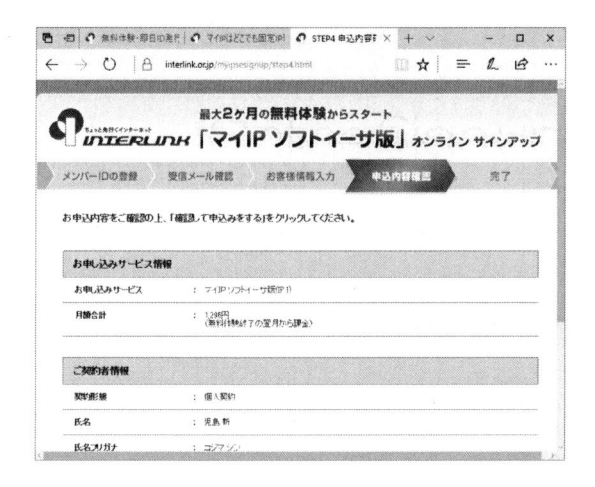

DNSの設定

　取得したドメイン名と固定IPの両方についてDNSの設定を行います。DNSの設定には俗に「正引き」と呼ばれるドメイン名からIPアドレスを参照する設定と、「逆引き」と呼ばれるIPアドレスからドメイン名を参照する設定の二種類があります。

　DNSの設定はどちらもインターリンクのマイメニューから行うことができます。ブラウザでias.il24.netにアクセスします。

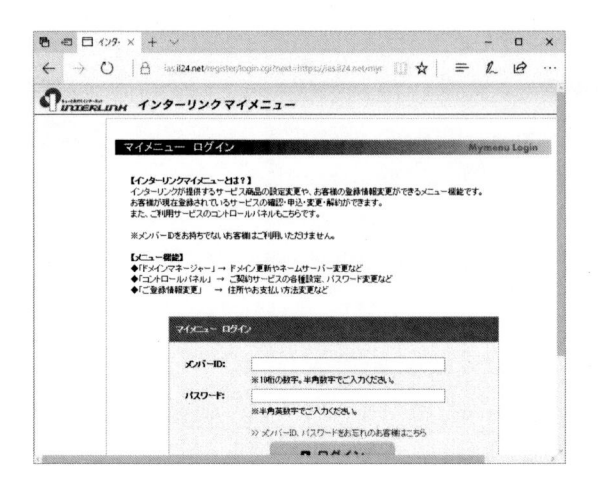

正引き設定

マイメニューログイン後、左メニューの「ドメインマネージャー」の
リンクをクリックし、「無料DNSサービス」にある「ZONEファイルの
設定」をクリックして契約済みのドメイン名を選択します。

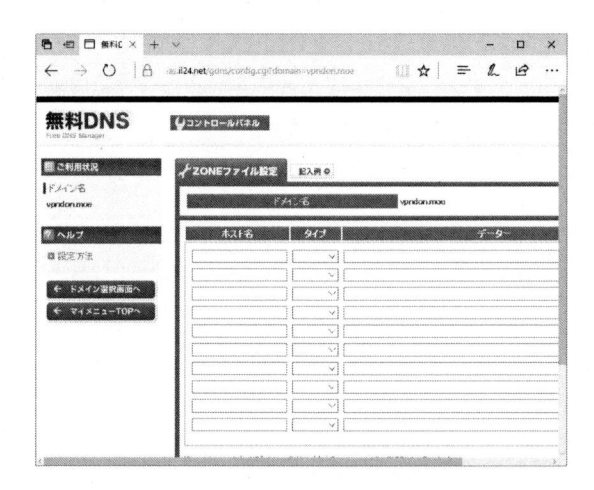

「ホスト名」、「タイプ」、「データー」をそれぞれ「@」、「A」、「(マイ IP ソフトイーサ版の固定 IP アドレス)」に指定します。

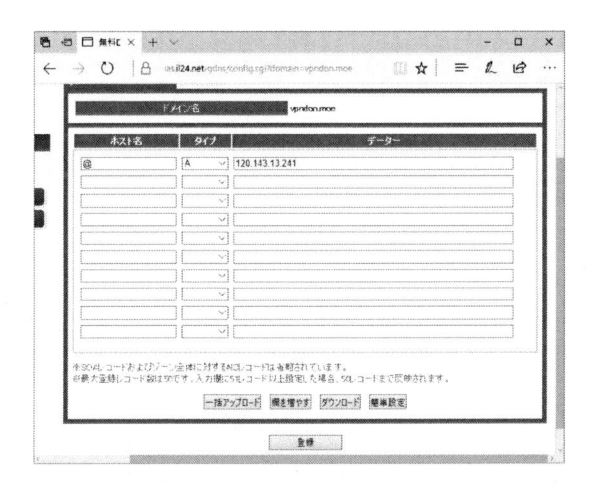

登録が完了すると以下のようなポップアップが出現します。

逆引き設定

マイメニューログイン後、左メニューの「各コントロールパネルへ」のリンクから契約済みのマイIPソフトイーサ版を選択します。

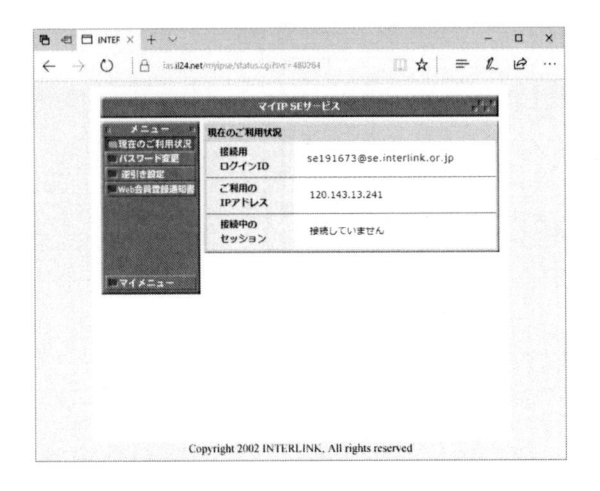

左メニューから「逆引き」設定を選択し、ホスト名に「(契約したドメイン名)」を入力します。

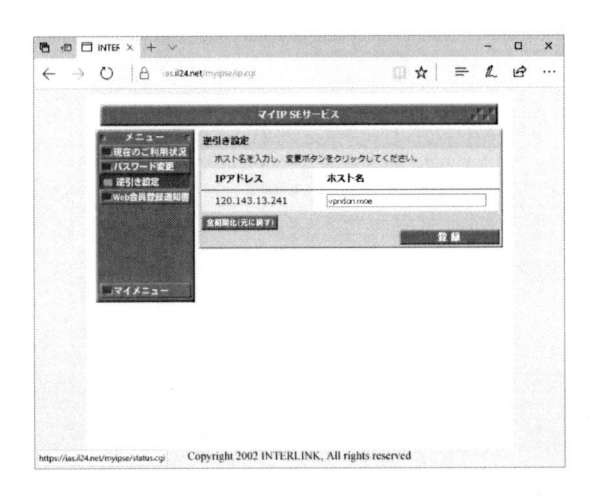

確認を促すメッセージが出るので、OKをクリックします。

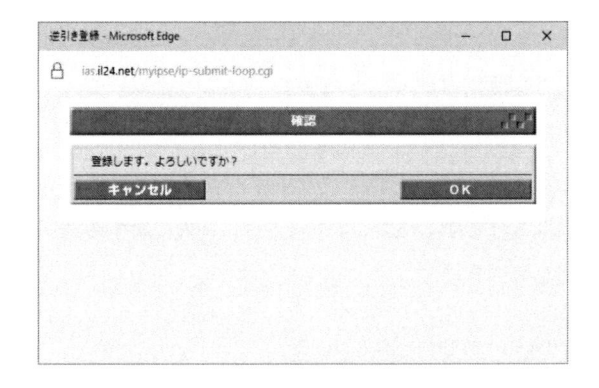

登録が完了すると、完了画面になります。

確認

実際にDNSが反映されているか確かめておきましょう。Windowsの
スタートメニューからコマンドプロンプトを起動し、nslookupコマンド
でドメイン名の正引きと固定IPアドレスの逆引きをそれぞれ確認します。
読者の環境によって利用しているDNSサーバーは異なると思いますが、

インスタンスが不特定多数から接続される事を考えて、ここは"8.8.8.8"のGoogle Public DNSを利用します。

```
> nslookup vpndon.moe 8.8.8.8
```

　正引きが正しく行われていれば、マイIPソフトイーサ版で契約している"120.143.13.241"が得られます。また、このIPアドレスに対する逆引きの設定も同時に確認しておきます。

```
> nslookup 120.143.13.241 8.8.8.8
```

　逆引きも正引きと同様に、"vpndon.moe"を得られれば正しく設定されています。

　上図のようにドメイン名とIPアドレスの双方が、互いに参照できることを確認できます。

インスタンスの構成

本書が紹介するマストドンインスタンスの構成について説明します。

ネットワーク

Windows10は一般的なファイアウォールを持つ家庭用のルータを通してインターネットに接続されていると想定します。Windows10にはVMwareがインストールされ、Ubuntu Server 16.04をゲストOSとして動作しています。マストドンはUbuntuの中で動作します。また、UbuntuはOpenVPNによってインターネット上のマイIPサーバーに対しVPNトンネルを構成し、VPN経由でインターネットに接続されます。

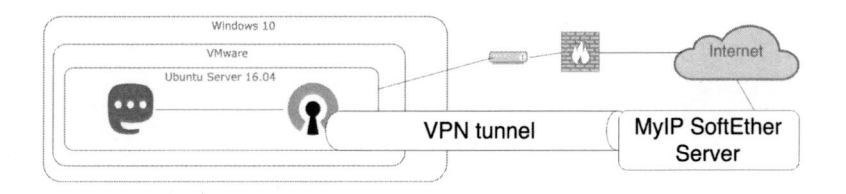

ディレクトリツリー

マストドンのコードは/opt/mastodon/liveに保存されます。本家のガイドではmastodonユーザを作成した上でそのホームディレクトリにコードを展開しますが、本書ではあくまで操作するユーザの権限でWebアプリケーションを実行します。また、マストドンとOpenVPNはそれぞれsystemdにユニットを配置し、起動を制御します。

ソースコード管理

　ソースコード管理には git および GitHub を利用します。本書では git や GitHub の使い方については言及しません。あらかじめ GitHub でアカウントを登録し、設定を行っておく必要があります。

環境の構築

　この章ではインスタンスの「器」を用意する方法、つまり環境の構築について説明します。マストドンのソースコードは、それ単体では何の意味もありません。インスタンスを動かすには、マストドンのソースコードを実際に実行し、「サービス」として常に動かし続ける環境が必要になります。

　IT用語で言うサービスとはWindowsの常駐アプリのような、OSが起動している限りバックグラウンドで動き続けるプログラムの事を指します。LinuxをはじめUNIX系のOSではデーモン(daemon)と呼ぶ事もあります。

VisualStudio Code

　環境を構築するにあたって、Linux上で各種サービスの設定を変更する必要があります。設定はファイル形式になっているものがほとんどで、テキストエディタを使って編集を行い、コマンドラインを駆使して設定を反映させます。

　テキストエディタは好きなものを使っていただいて構わないのですが、Ubuntuにある各種設定ファイルを使い慣れたWindows上のエディタから修正したいので、本書ではマイクロソフト謹製のVisualStudio Codeを利用することとします。VisualStudio CodeにはRemote VSCodeと呼ばれる拡張機能が存在し、後述のrcodeコマンドとSSHポートフォワードを組み合わせる事で、UbuntuのファイルをVisualStudio Codeから直接編集することができる為です。

　もちろんサーバー管理者としてviやEmacsをバリバリ使いこなすのも

非常にクールですが、コンソールエディタの使い方を一から説明するには紙面が足りませんし、ここは少々横着して便利な道具をありがたく使わせていただきましょう。もし他のテキストエディタを使う場合は適宜読み替えてください。

まずブラウザでhttps://code.visualstudio.com/にアクセスし、"Download for Windows"からダウンロード及びインストールを行います。

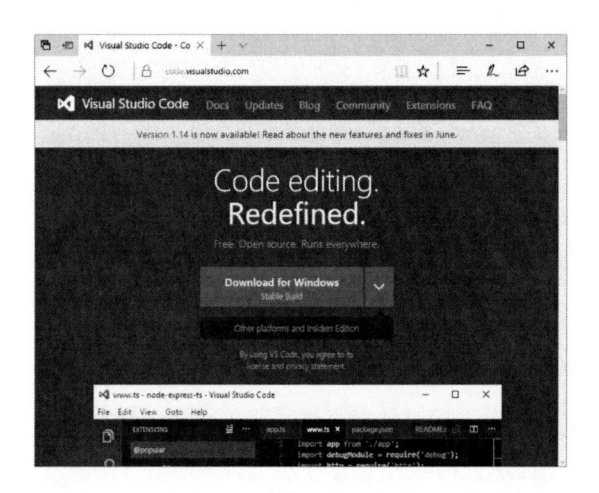

Remote VSCode

インストール完了後、VisualStudio Code を起動して"Remote VSCode"拡張機能をインストールします。Ctrl+p を入力するとクイックコマンド欄が現れるので、以下のように入力します。

```
ext install remote-vscode
```

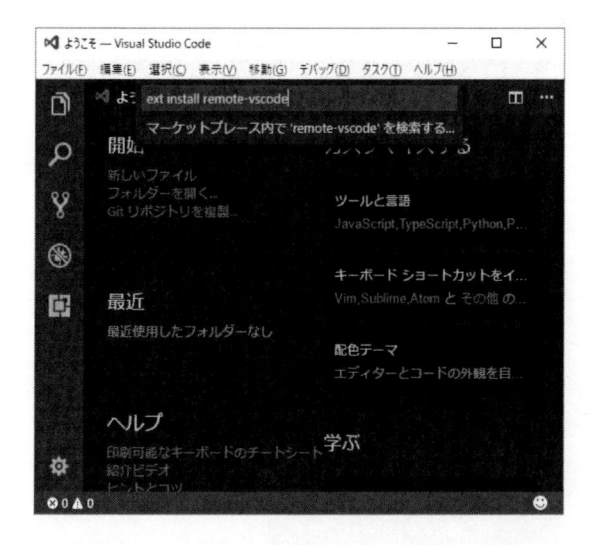

　拡張機能の検索画面が現れますので、"Remote VSCode" を選択して
インストールします。

インストールが完了後"再読み込み"を行うと、拡張機能のインストール済みの項目にRemote VSCodeがあるのが確認できます。

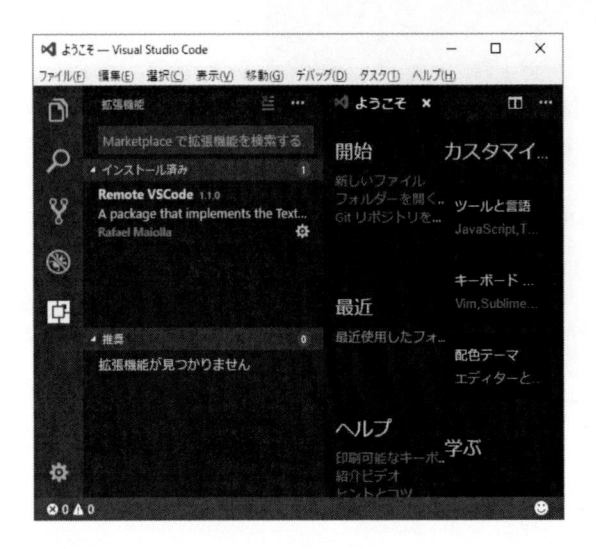

デフォルトの改行文字をLFに変更

インスタンスはUbuntu上でセットアップしますので、それに合わせてデフォルトの改行文字を変更します。メインメニューの"ファイル(F)"から"基本設定(P)"の中にある"設定(S)"を選択し、右側のペインに改行文字の設定を加え、保存します。

```
"files.eol": "\n"
```

改行文字は改行コードとも呼ばれ、コンピュータのテキスト処理において改行は不可視の制御文字によって表現されます。文字とバイト列の対応を定義した基本的な文字コードであるASCIIコードには、"A(0x2A)"や"B(0x2B)"といった目に見えるアルファベットの他に、テキスト自体

の体裁を整えるタブや改行がそれぞれ特殊な制御文字として指定されています。

　改行を表す制御文字には"[CR](0x0D)"と"[LF](0x0A)"の二文字が存在し、OSやソフトウェアによって異なる組み合わせで利用されています。歴史的な経緯からWindowsでは[CR][LF]と連続した二文字を使いますが、Linuxでは基本的に[LF]のみを改行とみなします。

SSH

　SSH（Secure Shell）はネットワーク上のコンピュータ同士が暗号通信を行う際のプロトコルのひとつです。リモートでLinuxサーバーにログインする際のデファクトスタンダードであり、その実装であるOpenSSHと公開鍵認証方式が共に広く利用されています。本書もこれに倣い、ホストOSのWindowsとゲストOSのUbuntu間でSSH接続を行います。ここではWindowsでよく利用されるSSHクライアントアプリケーションのPuTTYを例に、認証に必要な公開鍵と秘密鍵の作成と、SSHエージェントについて説明します。

PuTTYのインストール

putty.org にアクセスし、PuTTY をダウンロードしてインストールします。

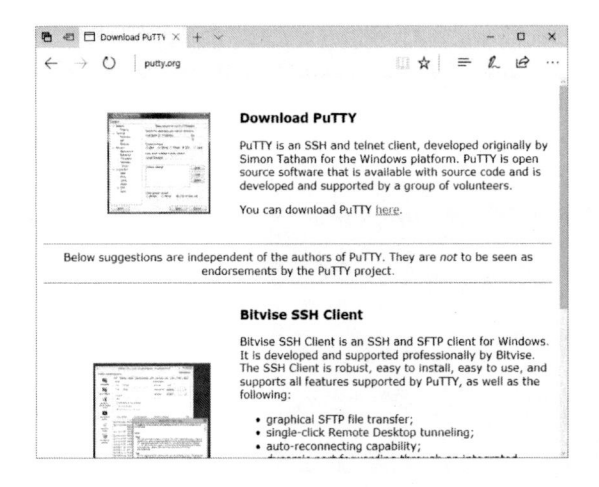

公開鍵の作成

今日では公開鍵暗号方式の一種であるRSA暗号がSSH通信に広く利用されます。RSA暗号は数学的な裏付けによって現実的な時間の内に暗号が破られないようデザインされており、公開鍵と秘密鍵と呼ばれる一対の鍵ペアを巧みに利用することで通信の秘密を担保しています。公開鍵暗号方式の利用者がその仕組みについて詳細まで知る必要はありませんが、[1]公開鍵によって暗号化された情報は秘密鍵によってのみ復号できる。[2]逆に秘密鍵によって暗号化された情報は公開鍵によってのみ復号できる。[3]秘密鍵は自分だけが知っているよう秘密にし、公開鍵は可能な限り誰もが知られるように公開する。の3点をおさえておくと便利です。

WindowsからUbuntuへSSH接続する為、Windowsに秘密鍵を、

Ubuntuに公開鍵を配置します。まずPuTTYgenを起動し、秘密鍵/公開鍵のペアを作成します。

　画面下部の"Parameters"が、それぞれ"RSA"と"2048"になっていることを確認し、"Generate"ボタンをクリックします。

"Key" の部分にプログレスバーが現れるので、プログレスバーの下部の空白部分でマウスを無作為にグリグリと動かし、鍵を生成するためのランダム性をPuTTYgenに与え続けます。

　プログレスバーが右端まで到達すると、"Save the generated key" にある "Save public key" ボタンと "Save private key" ボタンが有効になるので、それぞれ公開鍵、秘密鍵としてWindows上に保存します。保存場所はどこでも構いませんが、本書ではユーザーのホームフォルダに保存します。

　秘密鍵を保存する際にパスフレーズ無しで鍵を保存してよいかダイアログが開きますが、そのまま「はい(Y)」をクリックして構いません。

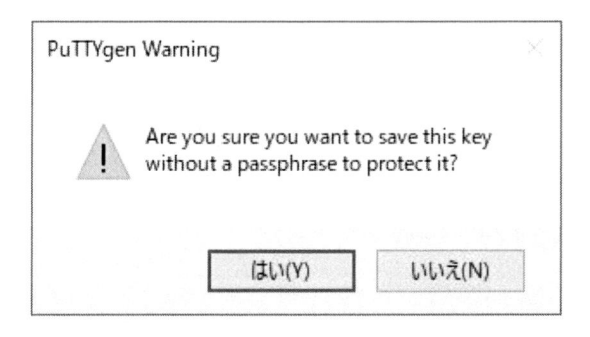

Pageant の起動

　Pageant とは、PuTTY に同梱されている SSH エージェントの一種です。SSH エージェントは秘密鍵を管理し、秘密鍵を必要とする複数のアプリケーションと連携して RSA 公開鍵認証を実現します。公開鍵を使うだけであれば PuTTY の設定のみで結構ですが、SSH エージェントフォワードを利用して SSH 接続先の Ubuntu から GitHub を参照する為、Pageant を利用します。Pageant は起動するとタスクトレイに常駐します。

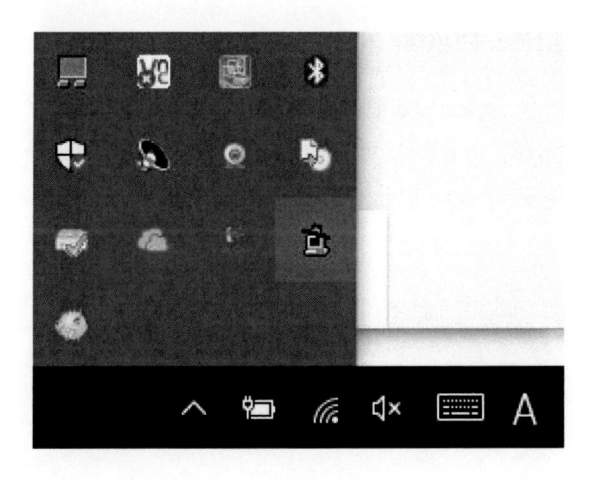

このアイコンを右クリックし、"Add Key"から先程作成した秘密鍵を登録します。また、"View Keys"を選択すると、追加された秘密鍵を確認することができます。

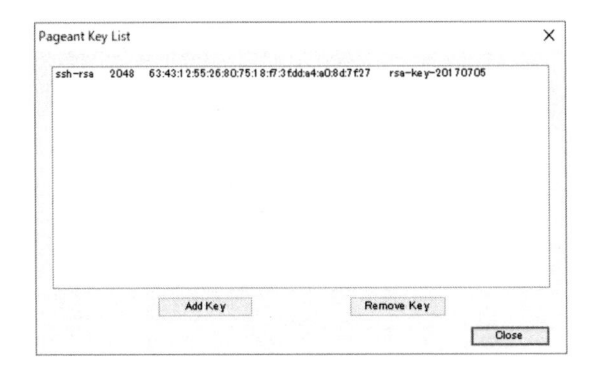

Pageantの起動と鍵の追加はWindowsのログインの度に行う必要があります。自動的に起動する事もできますが、利便性と引き換えにセキュリティリスクを抱える事に繋がるので本書ではあえて言及しません。

VMware Workstation Player

ブラウザでhttps://my.vmware.com/jp/web/vmware/downloadsにアクセスし、"Desktop & End-User Computing"にある"VMware Workstation Player"をダウンロードしてインストールします。

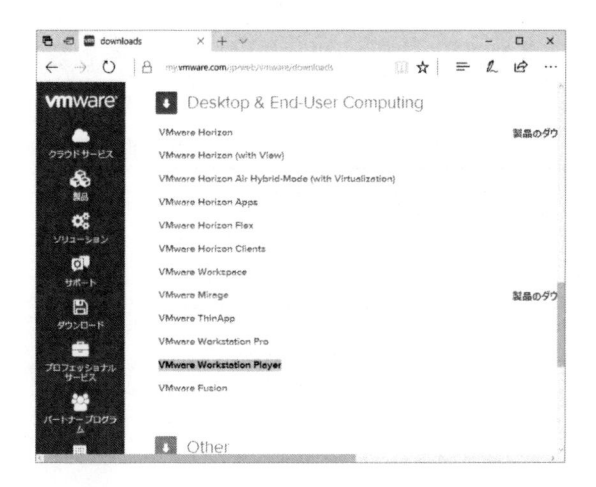

Ubuntu Serverのインストール

ブラウザで https://www.ubuntu.com/download/server にアクセスし、Ubuntu Server 16.04 LTSのISOイメージをダウンロードします。

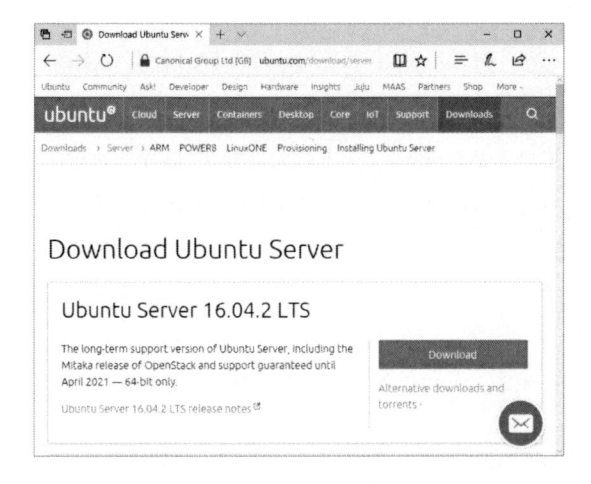

仮想ハードウェア構成の設定

　ホストOSのWindowsノートのスペックにもよりますが、本書ではプロセッサ1コアのまま、メモリを2Gに増やしてインストールを進めます。ハードディスクは2,30Gもあれば十分ですが、余裕を持って50Gとします。

キーボードレイアウトの変更

　日本国内で販売されているWindowsノートは大部分がJISキーボードを備えていると思います。インストールしたばかりのUbuntuはデフォルトのUSキー配列になっているので、キーボードレイアウトを日本のものに変更します。US配列のキーボードを使っている場合は読み飛ばしてください。

　以下のコマンドを実行することによりレイアウトを変更できます。

```
$ sudo dpkg-reconfigure keyboard-configuration
```

選択ダイアログが出現するので、順に設定していきます。

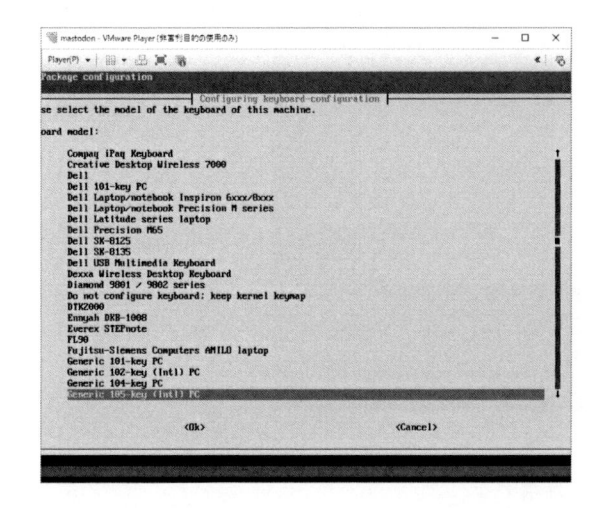

キーボードのモデルはJapaneseを選択します。

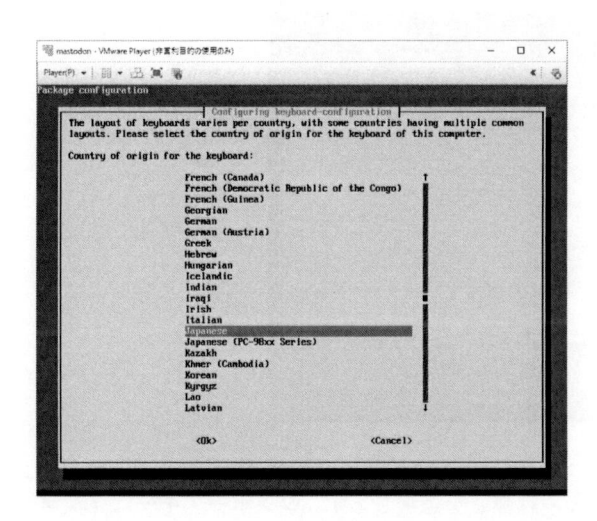

特別な理由がなければここもJapaneseを選択します。

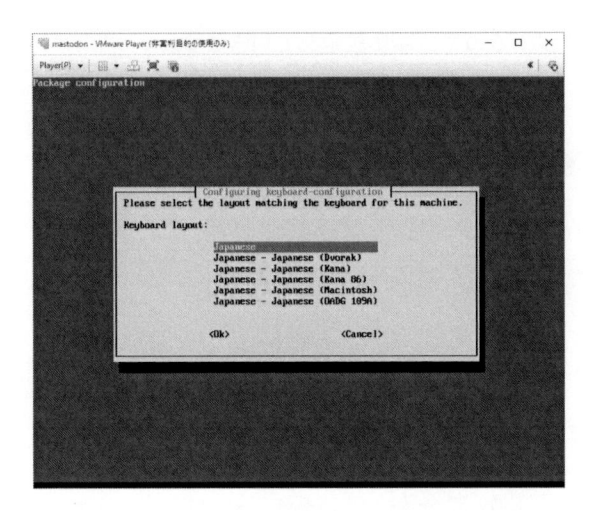

デフォルトのままで結構です。

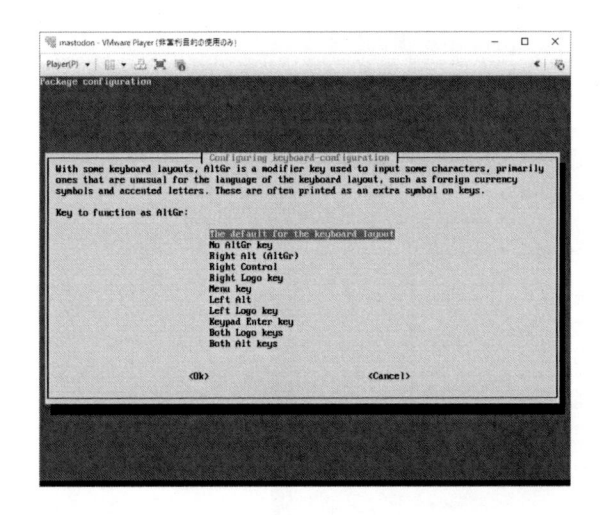

　最後にコンポーズキーは無しを選択します。コンポーズキーはウムラウトなどダイアクリティカルマークのついたアルファベットを入力する為に使用しますが、本書では使用しません。

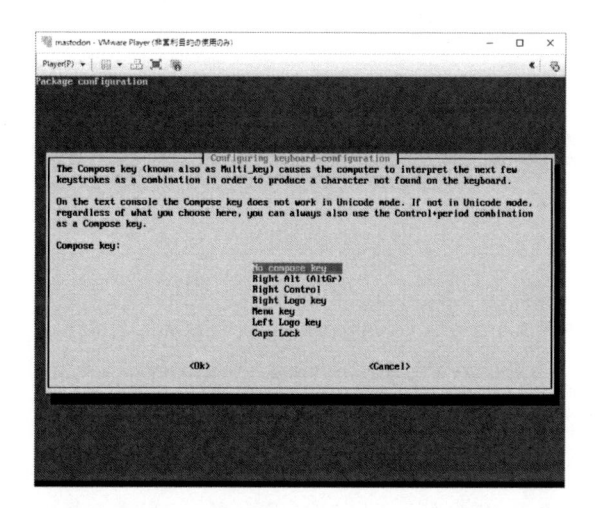

タイムゾーンの変更

　キーボードレイアウトを変更したように、以下のコマンドでタイムゾーンも変更します。

```
$ sudo timedatectl set-timezone Asia/Tokyo
```

gitとcurlのインストール

　環境構築には標準のパッケージリポジトリだけではなく、場合によっては直接インターネット上からプログラムをダウンロードする必要があります。その為gitとcurlをあらかじめインストールしておきます。

```
$ sudo apt-get install -y git curl
```

rcodeのインストール

　Windows上にVisualStudio Codeをインストールしましたが、このま
まではUbuntuの中にあるファイルを直接編集することはできません。
UbuntuはVMとしてゲストOSに存在し、何かしらの方法でファイルを
共有しない限りWindows上のエディタでは手が出せないからです。

　この問題をSSHポート転送とエディタの機能によって解決する方法が
あります。OSX用のテキストエディタ、TextMate2で同様の作業を行う
rmateというRubyスクリプトが元ネタなのですが、VisualStudio Code
でもそれをやってしまおうというものです。

　SSHポート転送はトンネリングとも呼ばれ、ローカル転送、リモート
転送、ダイナミック転送の3種類が存在します。SSHポート転送の多く
はファイアウォールで区切られた異なるセグメントのネットワークを跨
ぐ多段SSH接続において利用されますが、そのうちのリモート転送を
応用してRemote VSCode拡張が実行するWindows上のサービス経由で
VisualStudio CodeがUbuntu内のファイルを遠隔編集できるようになり
ます。

　VisualStudio CodeのインストールでRemote VSCode拡張を追加しま
したが、Ubuntuではこの拡張を叩くbash版のrmateコマンドをrcodeと
してPATHの通った/usr/local/binにセットアップします。

```
$ sudo curl -o /usr/local/bin/rcode -L
https://raw.github.com/aurora/rmate/master/rmate
$ sudo chmod +x /usr/local/bin/rcode
```

　この章の後半で、実際にrcodeを活用してSSHDの設定を行います。

Ubuntuのローカル IP アドレス固定化

　UbuntuをこのままVMwareのコンソールで操作し続けるのは大変で

す。コピー＆ペーストも効きませんしrcodeとVisualStudio Codeを使いたいので、WindowsからUbuntuに対してSSH接続を実現したいと思います。しかしVMwareはUbuntuのローカルIPアドレスを環境によって動的に割り振る（DHCP)ので、Windowsに保存されるSSH接続先IPアドレスの設定は今後無効になるかもしれません。これを避けるため、VMwareが再起動してもUbuntuのローカルIPアドレスが変更されないようにVMwareの設定を変更してMACアドレス(Media Access Control address)に対応したネットワークインターフェースの設定を追加し、DHCPでも常に同じローカルIPアドレスが当たるように設定します。

MACアドレスとは実物のハードウェアに割り当てられた固有の物理アドレスで、仮想化されているゲストOSのハードウェアにはVMwareがそれぞれ個別のアドレスを割り当てています。

まずUbuntuで現在のネットワークインターフェースから、IPアドレスとMACアドレス(Media Access Control address)を取得します。

```
$ ip address
```

Ubuntu 16.04ではens33が二つ目に存在すると思います。それ以外の場合はeth0等になっていると思いますが、各環境に合わせて読み替えて下さい。ens33にある "link/ether" がMACアドレス、"inet addr" がローカルIPアドレスです。この2つをVMwareの設定に追加します。VMwareの設定ファイルは以下のパスに存在します。

```
C:\ProgramData\VMware\vmnetdhcp.conf
```

編集に管理者権限が必要な為、メモ帳を管理者権限で起動します。スタートメニューから "Windowsアクセサリ" を選択し、"メモ帳" を右クリックして "その他" から "管理者として実行" を選択します。メモ

帳の"ファイル"メニューから"開く(O)"を選択し、"ファイル名(N)"
の右にある"テキスト文書(*.txt)"を"すべてのファイル(*.*)"に変更し、
ファイルの一つ上のフォルダである"C:\ProgramData\VMware"を指
定します。フォルダの中にある"vmnetdhcp.conf"ファイルを選択して
開きます。

　ファイルの最下部にある"# End"の直前に、ifconfigコマンドで得られ
たIPアドレスとMACアドレスを追加します。ファイルの下部は概ね以
下のような形となります。hardwareにMACアドレス、fixed-addressに
ローカルIPアドレスを記入します。この2つの行のみ最後にセミコロン
が必要ですので注意して編集します。

```
...
host VMnet8 {
    ...
}
host mastodon {                              # ここを追
記
    hardware ethernet 00:0c:29:2e:9f:84;   # ここを追
記(末尾の;を忘れずに)
    fixed-address 192.168.139.128;         # ここを追
記(末尾の;を忘れずに)
}                                            # ここを追
記
# End
```

　保存してメモ帳を閉じてゲストOSをシャットダウンし、設定が反映
されるようVMware自体を再起動します。

```
$ sudo shutdown -h now
```

VMware Tools のインストール

　VMware Tools は VMware が提供するゲスト OS のパフォーマンス改善ユーティリティです。Ubuntu を起動する前に「仮想マシン設定の編集」から CD/DVD とフロッピーを選択し、自動接続の設定を解除します。

　左カラムの中から CD/DVD を選択し、「デバイスのステータス」から「起動時に接続(O)」のチェックを外し、「接続」にあるラジオボタンを「フロッピーイメージファイルを使用する(W)」から「物理ドライブを使用する(P)」に変更します。同様の設定変更を全ての CD/DVD 及びフロッピーに対して行います。

　Ubuntuを起動し、ログイン後に画面左上の「Player(P)」ドロップダウンから「管理」を選択して「VMware Toolsのインストール(T)」をクリックします。VMware ToolsはCDイメージとして認識されますので、適宜マウント・展開・インストールを行います。

```
$ sudo mount /dev/cdrom /media
$ cp /media/VMwareTools-9.6.5-2700074.tar.gz /tmp
$ cd /tmp
$ tar zxvf VMwareTools-9.6.5-2700074.tar.gz
$ cd vmware-tools-distrib
$ sudo ./vmware-install.pl -d
```

　VMware謹製のvmware-toolsにはファイル共有に関するバグが報告されています。問題があれば、続けてvmware-toolsのパッチを導入します。

```
$ cd ~
$ git clone
https://github.com/rasa/vmware-tools-patches.git
```

```
$ cd vmware-tools-patches
$ sudo ./patched-open-vm-tools.sh
```

SSHDのインストール

　Windows上 のPuTTYか らUbuntuにSSH接 続 で き る よ う
SSHD(openssh-server)をインストールします。

```
$ sudo apt-get install -y openssh-server
```

PuTTYの設定

　サーバーがssh接続を受け入れられるようになったので、実際にPuTTY
から接続できるか試してみます。スタートメニューからPuTTYを起動
して、設定を行います。

　まず"Session"の中で"Host Name (or IP address)"に、先ほど固定
させたUbuntuのローカルIPアドレスを指定します。

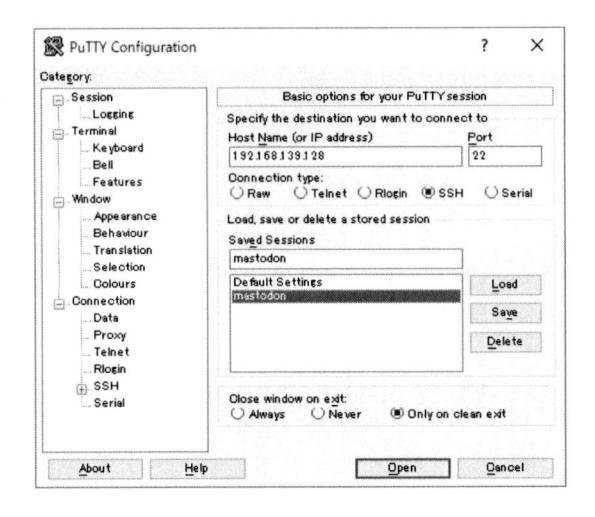

　次にConnectionの"Data"の項目に移動し、"Auto-login username"にUbuntuでのユーザー名を入力します。

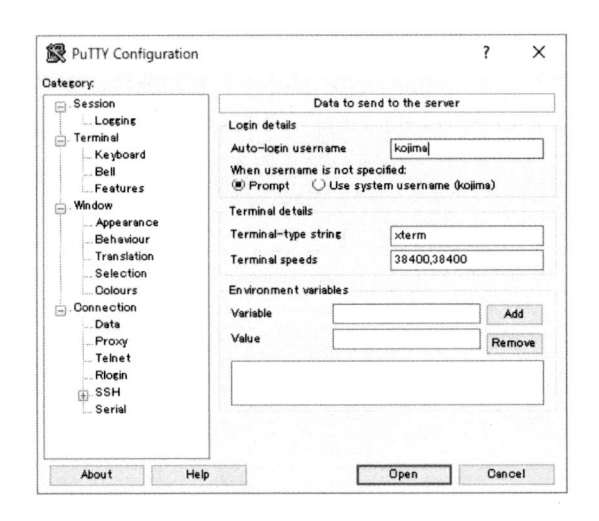

　また、"SSH"の項目で、"Allow agent forwarding"にチェックを入れます。これは、Windowsで使用している公開鍵認証を利用してUbuntu

の中からGitHubにアクセスする為です。

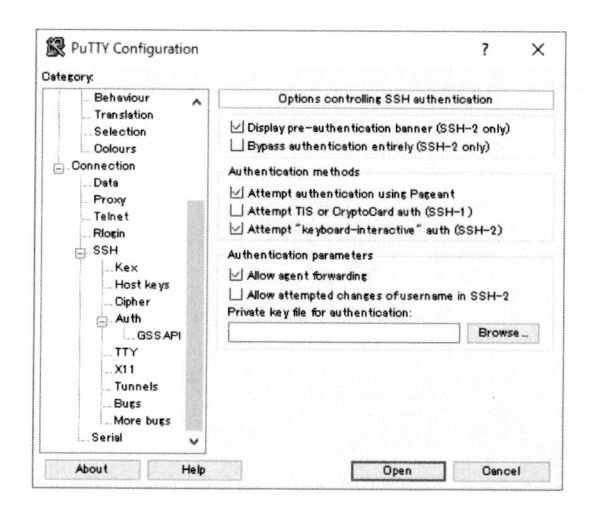

　さらに、"SSH"の"Tunnels"の項目で"Source Port"に"52698"を、"Destination"に"127.0.0.1:52698"をそれぞれ指定し、"Remote"にチェックを入れて"Add"をクリックします。このポート転送設定はUbuntuのファイルをVisualStudio Codeから直接編集する為です。

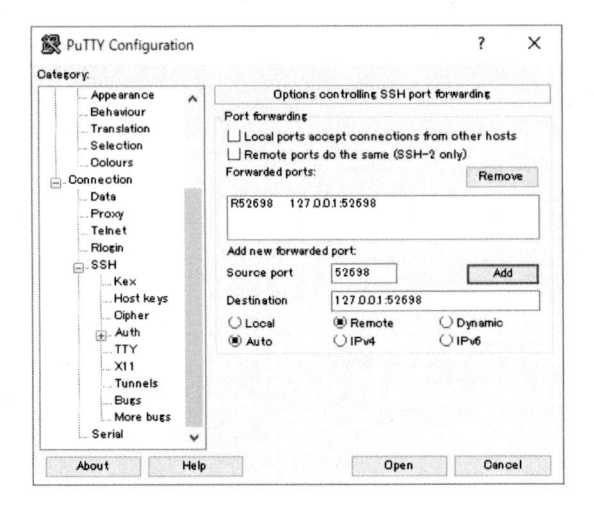

　最後に"Session"項目に戻り、"Saved Sessions"に"mastodon"を
入力して"Save"をクリックします。
　さっそく"Open"してみましょう。初回の接続はパスワードを聞かれ
るのでパスワードを入力します。キーボードを叩いても画面には何も変
化はありませんが、パスワードは入力されています。

```
kojima@192.168.139.128's password:
```

　パスワード入力後Enterキーを入力することで、ログインが完了する
と同時にPuTTY上にコマンドラインシェルが表示されます。

公開鍵のセットアップ

　接続の度にパスワードを入力するのは面倒なので、公開鍵認証を行う
ためにUbuntuに公開鍵をセットアップします。

　PuTTYgenを起動し、"Load"から前述の「公開鍵の作成」で作成した秘
密鍵を指定します。最上部にある"Public key for pasting into OpenSSH
authorized_keys"の欄内を全て選択（欄内を右クリックし、"すべて選
択(A)"をクリック）し、Ctrl+cでクリップボードにコピーします。

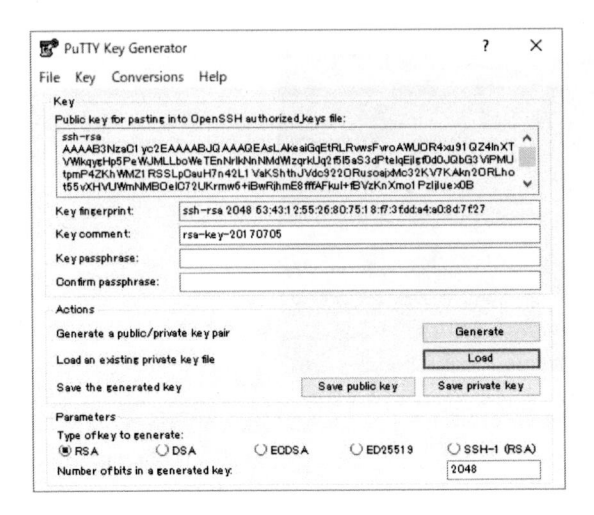

　この文字列を公開鍵としてUbuntu側に設定します。公開鍵はホームディレクトリにある.sshディレクトリの中にauthorized_keysファイルとして保存します。それぞれパーミッションが700と600になっていないと動かないので、注意して保存してください。umaskコマンドはファイル作成時のパーミッションをあらかじめマスクするコマンドで、ここでは所有者以外のパーミッションが付かないよう設定します。echoコマンドは引数を標準出力に出すコマンドです。authorized_keysに追記するようリダイレクトを指定します。

```
$ umask 0077
$ mkdir ~/.ssh
$ echo 『半角スペース』『右クリックでペースト』 >>
~/.ssh/authorized_keys
$ exit
```

　umaskの値をリセットするため一旦exitで端末を抜けます。一度PuTTYが終了するので再度PuTTYを開き、もう一度ログインしてみ

てください。接続時にユーザー名もパスワードも聞かれずログインする
ことができればPuTTYもサーバーも問題なく設定されています。

これ以降の作業はVMwareではなくPuTTY経由で行います。

ファイアウォールの設定

インスタンスがサーバーの外部から受ける必要のあるプロトコルは、
管理用のssh(22)とhttp(80)とhttps(443)の3つです。メールを送信するタ
スクはありますがメールを受ける必要は無いので、内部から外部への接
続は許可し、外部からは上記以外のポートへのアクセスを遮断します。

```
$ sudo ufw deny incoming     # 基本外部からの接続は遮断し
ます。
$ sudo ufw allow outgoing    # 内部から外部への接続は許可しま
す。
$ sudo ufw allow ssh         # ssh は許可します。
$ sudo ufw allow http        # http は許可します。
$ sudo ufw allow https       # https は許可します。
$ sudo ufw enable            # 上記の設定を有効化します。
```

完了すると、以下のようにプロンプトが表示されるので"y"を入力し
Enterキーを押します。

```
> Command may disrupt existing ssh connections.
Proceed with operation (y|n)?
> Firewall is active and enabled on system
startup
```

SSHDの設定

SSHによる接続はさきほど確認しましたが、すでに公開鍵認証の為の

公開鍵を設置しているため、パスワード認証による接続は不要です。セキュリティリスクを抑える為Ubuntu上でSSHDの設定を修正します。

　まずVisualStudio Codeを起動し、Ctrl+Shift+pでコマンドパレットを開いて "Remote: Start Server" を実行します。

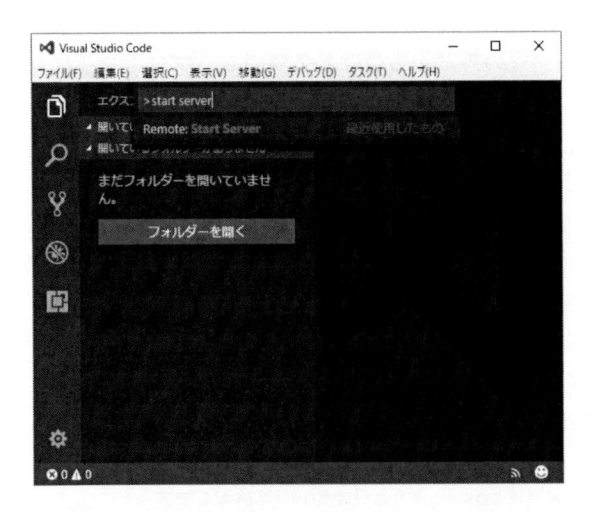

　Ubuntu側では以下のコマンドを実行します。

```
$ sudo rcode /etc/ssh/sshd_config
```

　VisualStudio Codeで設定ファイルが開くので、以下の各項目を変更し、保存してください。
・PermitRootLogin の prohibit-password を no に
・PasswordAuthenticationのコメントを外して、yesを no に

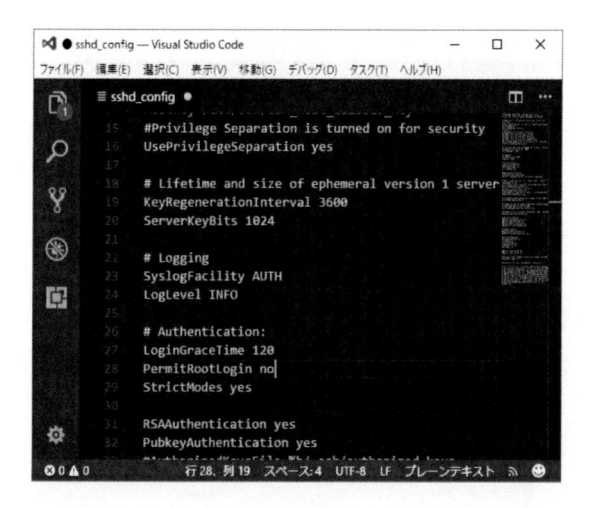

ファイルを保存したら、Ubuntuでsshの設定を反映させます。

```
$ sudo systemctl reload sshd.service
```

　本書ではこれ以降Ubuntuのファイルを操作する際は単にrcodeコマンドのみを提示します。rcodeコマンドが実行される前にVisualStudio Codeが起動しており、"Remote: Start Server" がなされている事を前提とします。

ライブラリのインストール

　マストドンではユーザーのアップロードによる画像や動画に対してフォーマットを揃えたりサムネイルを作ったりといった処理を行っています。この為、imagemagickとffmpegをインストールします。

```
$ sudo apt-get install -y imagemagick ffmpeg
```

またRubyからPostgreSQLを利用したり、XMLドキュメントを解析するのに各種開発用ライブラリを必要とします。これらも適宜インストールします。

```
$ sudo apt-get install -y libpq-dev libxml2-dev
libxslt1-dev libreadline-dev
```

そのほかにも必要なパッケージをインストールします。

```
$ sudo apt-get install -y g++ libprotobuf-dev
protobuf-compiler pkg-config libicu-dev
libidn11-dev
```

nginxのインストール

少し気が早いですが、後述するアクセス制御リスト（ACL）の設定を行うため、先にnginxをインストールしてnginxの実行ユーザーを用意します。

インスタンスは全てのHTTP接続を一旦nginxが引き受けます。動的なページやAPIは裏側で待ち受けているRuby on Railsが処理し、ユーザーアイコンや添付された画像といった静的なファイルはnginxが直接ディレクトリから読み出してHTTPレスポンスを返します。

以下のコマンドでnginxをインストールします。

```
$ sudo apt-get install -y nginx
```

ACLの設定

動的なページがRailsを仲介としてHTTPレスポンスを返すのに対し、

静的なファイルはnginxによって読み出しが可能でなければなりません。Railsはユーザーの権限で動きますから、少し複雑なパーミッションを考慮する必要があります。

オフィシャルのインストール手順ではmastodonという特殊なユーザーを別途作成することでnginxから見えるようになっていますが、ここでは代わりにACLを利用してマストドンのディレクトリ権限をユーザーに持たせたままnginxから読めるように設定してみましょう。

ACLはUNIXのシンプルで古典的なパーミッションである「読み」「書き」「実行」と「ユーザー」「グループ」「その他」の組み合わせだけではなく、まだ作られていないファイルに対して個別にパーミッションを設定したり、より柔軟な設定ができるようになっています。

ACLを利用するために以下のコマンドによってaclをインストールします。

```
$ sudo apt-get install -y acl
```

マストドンのコードはのちほど/opt/mastodonの中に配置することにしましょう。このディレクトリのオーナーはユーザー自身です。

```
$ sudo mkdir /opt/mastodon
$ sudo chown $USER:$USER /opt/mastodon
```

/opt/mastodon以下に今後作られる新しいファイルに対してnginxの実行ユーザーが読み出せるようACLを設定します。nginxの実行ユーザーはnginxの設定ファイルで指定されています。

```
$ sudo nginx -T | grep user
```

Ubuntuでapt-getからインストールされたnginxは実行ユーザーが"www-data"になっていると思います。この"www-data"ユーザーが、現在の/opt/mastodonディレクトリと今後ディレクトリ内に作成される全てのファイルに対して、「読み出し」と「実行」の両方の権限を持つように設定します。

```
$ setfacl -R -m
user:www-data:rx,default:user:www-data:rx
/opt/mastodon
```

　設定が完了したら、lsコマンドで変化があることを確認します。

```
$ ls -al /opt
total 12
drwxr-xr-x   3 root    root    4096 Jul 13 10:04 .
drwxr-xr-x  22 root    root    4096 Jun 21 10:53 ..
drwxr-xr-x+  2 kojima kojima 4096 Jul 13 10:04
mastodon
```

　mastodonディレクトリのパーミッションの最後に"+"が付いていることに注目してください。ディレクトリに設定されたACLはgetfaclコマンドから詳細を確認することができます。

```
$ getfacl /opt/mastodon
getfacl: Removing leading '/' from absolute path
names
# file: opt/mastodon
# owner: kojima
# group: kojima
user::rwx
user:www-data:r-x
group::r-x
```

```
mask::r-x
other::r-x
default:user::rwx
default:user:www-data:r-x
default:group::r-x
default:mask::r-x
default:other::r-x
```

nodejs

バージョン6系のnodejsをインストールします。

```
$ sudo curl -sL
https://deb.nodesource.com/setup_6.x | sudo bash
-
$ sudo apt-get install -y nodejs
```

nodejsコマンドをnodeコマンドとして利用できるようシンボリック
リンクを用意します。Ubuntuのパッケージリポジトリではnodejsが流
行する以前より機能の全く異なるnodeコマンドが用意されており、コマ
ンド名のバッティングを避ける為デフォルトではnodejsのnodeコマン
ドはインストールされません。その代わりnodejsコマンドとしてインス
トールされています。本書では元来のnodeコマンドを利用することは無
いため、指定コマンドの実体を切り替えるupdate-alternativesコマンド
によってnodeの名前で実行できるようにします。

```
$ sudo update-alternatives --install
/usr/bin/node node /usr/bin/nodejs 10
```

yarn

JavaScriptパッケージマネージャのyarnをインストールします。
npmコマンドはnodejsに含まれています。

```
$ sudo npm install -g yarn
```

Redis

Redisはオンメモリで動く高速なキーバリューストア（KVS）の一種です。KVSはキーに対応するバリューを保存するだけのシンプルなデータベースです。PostgreSQLなど複雑のRDBMSに比べて高いパフォーマンスやスケーラビリティがあり、大量・頻繁・一時的に使われるデータの保存によく利用されます。マストドンではジョブキューを管理するsidekiqで利用されます。

```
$ sudo apt-get install -y redis-server
redis-tools
```

PostgreSQL

永続的なユーザーデータなどはKVSではなくPostgreSQLに保存されます。

以下のコマンドによってPostgreSQLと各種ツールをインストールします。

```
$ sudo apt-get install -y postgresql
postgresql-contrib
```

マストドンがPostgreSQLを利用できるようにするため、PostgreSQLの中に自分のUNIXユーザー名でユーザーを作成します。

```
$ sudo -u postgres psql
postgres=# create user kojima createdb;
CREATE ROLE
postgres=# \q
```

ローカルからパスワード無しでデータベースに接続できるよう、設定ファイルを書き換えます。

```
$ sudo rcode /etc/postgresql/9.?/main/pg_hba.conf
```

以下のように変更します。

```
local all postgres peer # 既存のこの行の次に
host all all 127.0.0.1/32 ident # この行を追加
```

identデーモンをインストールし、自動起動を有効にしてPostgreSQLを再起動します。

```
$ sudo apt-get install -y pidentd
$ sudo systemctl enable pidentd
$ sudo systemctl start pidentd
$ sudo systemctl restart postgresql
```

rbenv

システムにインストールされるRubyとは異なるバージョンのRubyを実行できるよう、rbenvをインストールします。

```
$ git clone https://github.com/rbenv/rbenv.git
~/.rbenv
$ cd ~/rbenv && src/configure && make -C src
$ echo 'export PATH="$HOME/.rbenv/bin:$PATH"' >>
~/.bash_aliases
$ echo 'eval "$(rbenv init -)"' >>
~/.bash_aliases
$ exec $SHELL -l
```

rbenvでRubyをインストールする際にRubyのビルドも行うため、同様にruby-buildもインストールします。

```
$ git clone
https://github.com/rbenv/ruby-build.git
~/.rbenv/plugins/ruby-build
```

これによりRubyをホームディレクトリにインストールすることが可能になります。次のコマンドは少々時間がかかります。

```
$ rbenv install 2.4.1
```

現在のユーザーが使うRubyがこのver2.4.1を利用するよう設定します。

```
$ rbenv global 2.4.1
```

OpenVPN

マイIPソフトイーサ版では、プロトコルにOpenVPNを利用できます。ここではOpenVPNを使ってUbuntuからの接続設定を行います。

OpenVPNのインストール

```
$ sudo apt-get install -y openvpn
```

/etc/openvpn/client.conf

　VPNを接続する為の設定ファイルを用意します。まずインターリンクのホームページから雛形となる設定ファイルをダウンロードし、ここに修正を加えていきます。

　まずDNSの逆引き設定を行ったのと同じ要領で、https://ias.il24.net/からマイIPソフトイーサ版のコントロールパネルを開き、契約内容を確認します。画面左メニューの"Web会員登録通知書"をクリックします。

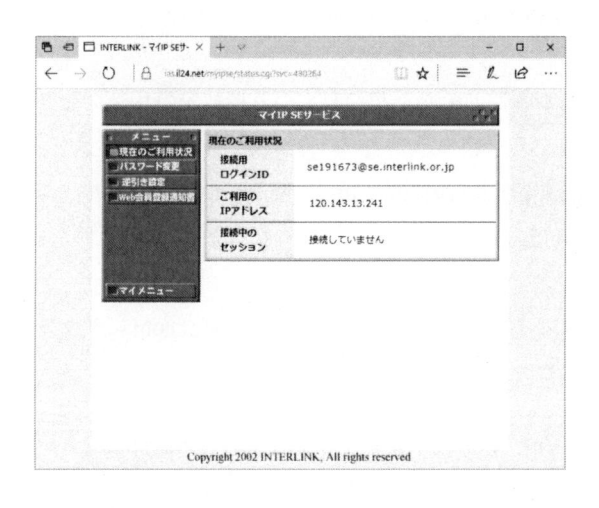

　"接続先VPNサーバー"の項目のホスト名を確認します。この場合、"myipse01.interlink.or.jp"になります。

　次にブラウザで、

http://www.interlink.or.jp/support/vpn/myip_se/openvpn/
serverlist.html

に接続し、設定ファイル一覧の中から契約している接続先のリンクをコ
ピーします。この場合、

http://www.interlink.or.jp/support/vpn/myip_se/openvpn/
myipse01_openvpn_config.ovpn

になります。

　このURL先のファイルをUbuntuの/etc/openvpn/client.confにダウン
ロードする為、以下のコマンドを実行します。

```
$ sudo curl -o /etc/openvpn/client.conf "http://
www.interlink.or.jp/support/vpn/myip_se/
openvpn/myipse01_openvpn_config.ovpn"
```

　ダウンロードしたclient.confは改行コードが揃っていないので、一旦
Linux用に改行コードを"LF"に揃えます。dos2unixコマンドは、ファ

イルの改行コードを修正するツールです。

```
$ sudo apt-get install -y dos2unix
$ sudo dos2unix /etc/openvpn/client.conf
```

/etc/openvpn/auth

　接続用のユーザーとパスワードを作成します。先ほどのWeb会員登録
通知書の下部には、接続先サーバーと同様にユーザー名とパスワードが
記載されています。

```
$ sudo rcode /etc/openvpn/auth
```

　1行目にユーザー名、2行目にパスワードを登録します。

```
se******@se.interlink.or.jp
********
```

　パスワードファイルはroot以外から見えないようにしておきます。

```
$ sudo chmod 600 /etc/openvpn/auth
```

/etc/openvpn/route.sh

　VPN接続の設定を行いさえすればすぐにVPN経由で通信できるよう
に思われがちですが、サーバーで設定を行う場合IPルーティングについ
ても考慮する必要があります。IPルーティングとは「このホストにおい
て、どのIP向けの接続を、どのゲートウェイを通じて接続させるか」と
いうルールが書かれています。

VPN接続が確立した際全ての通信をVPN経由で行うようルーティングを設定するには、VPNサーバーへの接続のみ普段のネットワークを利用し、他の全ての接続をVPN経由に向ける必要があります。多くのデスクトップOSではユーザーが意識しなくても済むよう自動的にこれを行ってくれますが、サーバー用途では自前で用意する必要があります。幸いOpenVPNには"up"と"down"というオプションが用意されており、VPN接続時と切断時にそれぞれユーザー定義のスクリプトを実行できるようになっています。ここではIPルーティングを行うシェルスクリプトを作成し、OpenVPNの設定ファイルに組み込んでいきます。

　具体的にルーティングスクリプトを書く前に、現在のIPルーティングがどうなっているか確認してみましょう。

```
$ ip route
```

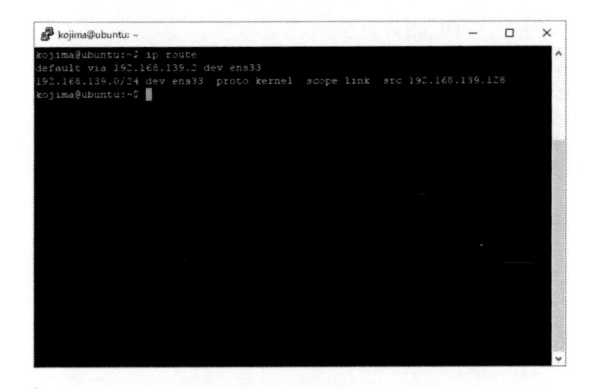

　一番上に表示されている行が、ens33インターフェースのデフォルトゲートウェイです。現在デフォルトゲートウェイは192.168.139.2を指しています。

　二行目は"proto kernel"となっており、カーネル（OSの中核）が自動

的に指定しています。VMwareによって定義された仮想ネットワークインターフェースに関する情報は"ip address show ens33"とコマンドを実行することで得られますが、このインターフェースに割り当てられているローカルIPアドレスは我々が固定化した通り"192.168.139.128"になっていると思います。同一ネットワーク上に対しての接続が自明な為、カーネルによって定義されています。

　現在IPルーティングに関する定義はこの二種類だけです。つまり、同一ネットワーク以外の外向きの通信は常にデフォルトゲートウェイを通る事になります。

　我々の目的は、VPNサーバーとUbuntuの間に作成するトンネル本体の通信のみを本来のデフォルトゲートウェイを使うようにし、VPNサーバー以外に向けた全ての通信に対して作成されたトンネルの中をくぐる様に設定する事です。デフォルトであれば、OpenVPNは仮想インターフェース"tap0"を通じてこのトンネルを実現します。

　IPルーティングを変更するのにもipコマンドを使用します。これから作成する自動起動スクリプトでは、up時にトンネルのIPルーティングを変更し、down時に元に戻すようコマンドを列挙していきます。

```
$ sudo rcode /etc/openvpn/route.sh
```

　アドレスやホスト名は実際の契約とネットワーク設定によって書き換えてください。今回は接続先サーバーが"myipse01.interlink.or.jp(203.141.151.130)"、デフォルトルートが"192.168.139.2"、マイIPソフトイーサ版で割り当てられた固定IPアドレスが"120.143.13.241"、マイIPソフトイーサ版で割り当てられたゲートウェイが"120.143.12.1"として記述しています。

　up時のIPルーティングに"120.143.13.241/22"を設定していますが、この"/22"というのは"255.255.252.0"のサブネットマスクを表すCIDR

表記の一部です。255.255.252.0は2進数表現で1が22個連続し、その後に
0が10個続く為このように表記します。

```
#!/bin/sh

USAGE="\
$0 [up|down]
"

case $1 in
up)
    ip route replace 203.141.151.130/32 via
192.168.139.2
    ip address replace 120.143.13.241/22 dev tap0
    ip link set tap0 up
    ip route replace default via 120.143.12.1
    ;;
down)
    ip route del 203.141.151.130/32
    ip route replace default via 192.168.139.2
    ip link set tap0 down
    ;;
*)
    echo "$USAGE" 1>&2
    exit 1
    ;;
esac
```

スクリプトに適切なパーミッションを設定します。

```
$ sudo chmod 700 /etc/openvpn/route.sh
```

authとroute.shを/etc/openvpn/client.confに組み込む

　ここまでで接続に必要なパスワードファイルとIPルーティングのスクリプトを作成しました。これらをclient.confに組み込みます。

```
$ sudo rcode /etc/openvpn/client.conf
```

　"auth-user-pass"と書かれた部分に移動し、"auth-user-pass"に"/etc/openvpn/auth"を、次の行に"script-security 2"を、更に次の行に"up"と"down"をそれぞれ設定します。

```
auth-user-pass /etc/openvpn/auth
script-security 2
up "/etc/openvpn/route.sh up"
down "/etc/openvpn/route.sh down"
```

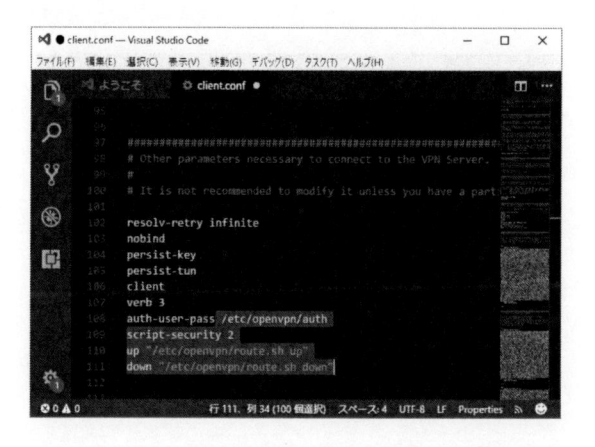

　これでOpenVPNに関する準備は整いました。前のインストールでnginxが起動していると思うので、UbuntuからVPNサーバーに接続し、

Windowsのブラウザからドメイン名でnginxのウェルカムページが表示されるか確認してみましょう。まず以下のコマンドでVPN接続を行います。

```
$ sudo systemctl start openvpn@client.service
```

その後、Windowsからブラウザで契約したドメイン名である"vpndon.moe"に接続します。

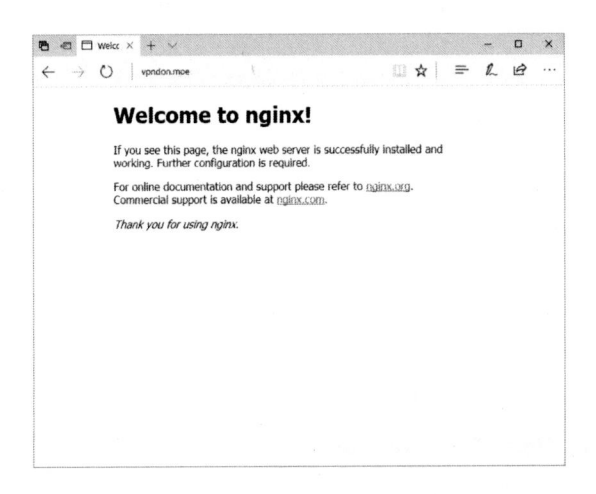

これによってインターネットから接続させる為のVPNを用意することができました。nginxのウェルカムページが問題なく表示された事を確認したら、忘れずにVPN接続の自動起動を設定します。

```
$ sudo systemctl enable openvpn@client.service
```

Let's Encrypt

　無事インターネットから接続できるようになったので、インスタンスにHTTPSで接続できるようSSL/TLS証明書をセットアップします。かつて公開鍵基盤（PKI）においてサーバーにSSL/TLS証明書を設置するには、少なからずお金が必要だったり証明署名要求（CSR）を用意したり、認証局から電話で要求元の実態調査がかかってきたり、とかなり重たい作業だったのですが、昨今ではありがたい事にLet's Encryptによって無料で最低限の証明書が発行され、ほとんどの作業を自動化することができるようになりました。

　ここではLet's Encryptを利用してSSL/TLS証明書を取得します。

```
$ sudo apt-get install -y letsencrypt
```

　letsencryptコマンドを実行する前に、起動しているnginxを一時的に停止させます。letsencryptはスタンドアロンでの証明書取得プロセスにおいて80番ポートを使うため、現在80番ポートを使っているnginxが邪魔になります。

```
$ sudo systemctl stop nginx.service
```

　実際にletsencryptコマンドを利用して証明書を取得します。dオプションに取得したドメイン名を、mオプションに連絡可能なメールアドレスを入力します。

```
$ sudo letsencrypt certonly --standalone -d
vpndon.moe -m shin@kojima.org
```

　証明書の利用規約ダイアログが表示されますので、規約に同意しカー

ソルが Agree にあることを確認の上 Enter キーを押します。

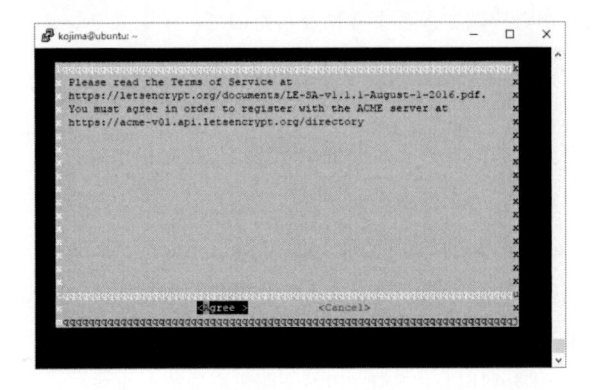

証明書は /etc/letsencrypt/live/vpndon.moe/fullchain.pem にインストールされます。

マストドンのセットアップ

　いよいよマストドンのセットアップにとりかかります。マストドンのソースコードはgithub.comにホスティングされており、これを利用してマストドンのセットアップを行うことができます。

　もちろんGitHubにアカウントがなくてもこのソースコードを取得することはできますが、ここでは今後の開発参加も視野に入れ、github.comを利用したいと思います。事前にgithub.comにアカウントを作成し、PuTTYgenで作成した公開鍵が登録されていることを確認してください。

　ここでは開発者が「フォーク」と呼ぶソースコードの複製と、リモートブランチの管理について説明します。

マストドンのフォーク

　画面右上の「Fork」ボタンをクリックして、自分のGitHubアカウントにフォークします。

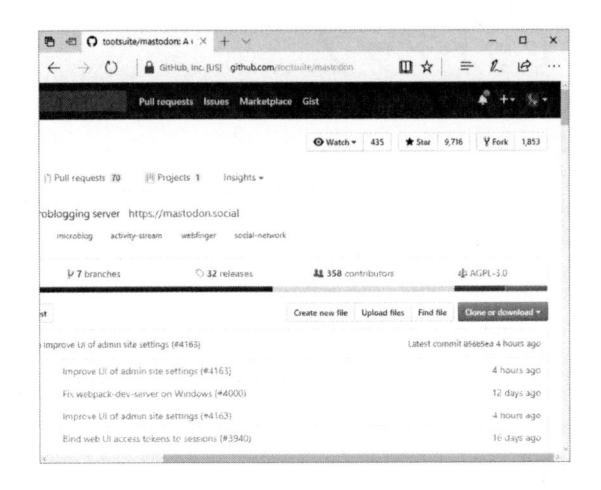

　フォークというのはオープンなライセンスに基づいて頒布されるソースコードによく出てくる単語で、あるソースコードの特定のバージョンから分岐し、独自の変更を行っていく事を指す動詞です。GitHub 上では特に他人のアカウントに存在するリポジトリを自分のアカウントに複製することを意味します。

　フォーク後、ブラウザは自分のアカウントに移動します。右の緑色の"Clone or download" から "Clone with SSH" の下にあるパスを使ってソースコードを取得します。

ソースコードの取得

　GitHub 上でフォークしたからといって自分の PC にソースコードがダウンロードされるわけではありません。ここからは実際にフォークによって自分のアカウントに複製されたリポジトリから、マストドンのソースコードを取得します。

自分のアカウントからクローン

「マストドンのフォーク」の項目で最後に得られたパスをリポジトリとして指定します。また、クローン先をliveに設定します。

```
$ cd /opt/mastodon
$ git clone git@github.com/(GitHubのアカウント
名)/mastodon.git live
```

upstreamリモートの設定

　クローンした際にリポジトリとして自分のアカウントに存在するマストドンのソースコードを指定しました。これにより現在Ubuntu上のリポジトリには"origin"という名前で自分のアカウントに存在するマストドンのソースコードが紐付いています。自分のアカウントですから、GitHub上でもこのソースコードが誰かによって勝手に変更されることはありません。ですが本家のソースコードは日々アップデートされており、今後自分のソースコードも本家に対応させていく必要があります。そこで、"origin"とは異なる"upstream"という名前でフォーク元のGitHubリポジトリを登録します。

```
$ cd /opt/mastodon/live
$ git remote add upstream
https://github.com/tootsuite/mastodon.git
```

最新のタグをチェックアウト

　本家の開発では節目ごとにバージョン番号が切られており、マストドンのセットアップではこのうち最新のものを利用するよう勧められてい

ます。まず先程設定したupstreamリモートの内容を取得します。

```
$ git fetch upstream
```

現在のタグ一覧は以下のコマンドで取得することができます。

```
$ git tag
```

執筆時点（2017年8月）ではv1.5.1が最新なので、これをチェックアウトします。

```
$ git checkout v1.5.1
```

プリプロセス

残念ながらソースコードを配置しただけでは、マストドンは動きません。今度はマストドンのソースコードを元に、サーバーで利用可能な状態にするセットアップを行います。具体的には必要なRuby/JavaScriptライブラリをインストールし、データベースを初期化して、アセットのプリプロセスを行います。

以下では、作業環境である/opt/mastodon/liveに移動して作業します。

```
$ cd /opt/mastodon/live
```

Bundlerのインストール

マストドンが利用する様々なRubyライブラリは、Bundlerによって管

理されます。通常Rubyライブラリであるgemパッケージをインストールルすると、システムにインストールされたRubyバイナリによって固定のディレクトリに全てをインストールしようとします。

しかしそもそもRubyバイナリはサーバー上にインストールされた複数のプロジェクトから利用されるため、各プロジェクトがそれぞれ依存するライブラリを一箇所に集中させてしまうとライブラリのアップデートひとつで全てのプロジェクトに影響が発生しかねません。

Bundlerはgemパッケージを各プロジェクトの中にライブラリとしてインストールすることで、ライブラリ依存にまつわる問題を解決します。これにより複数のプロジェクト間でライブラリのバージョン依存を気にする必要が無くなります。

事前にgemコマンドでBundlerをシステムにインストールします。

```
$ gem install bundler
```

Bundlerがインストールされると、bundleコマンドを使えるようになるので、Bundler以外の依存ライブラリは全てgemコマンドではなくbundleコマンドからインストールします。

必要なgemパッケージをBundlerでインストールする

マストドンが利用するRubyライブラリは、プロジェクトのルートディレクトリに存在するGemfileファイルにリストアップされています。これらをインストールするにはGemfileが存在するディレクトリで以下のコマンドを実行します。

```
$ bundle install
```

JavaScriptが必要とするライブラリをyarnでインストールする

JavaScriptのライブラリについてもRubyと同じ事が言えます。Bundlerの代わりにyarnコマンドを、Gemfileファイルの代わりにpackage.jsonファイルを使ってインストールを行います。

npmコマンドでもyarnコマンドと同じようにライブラリをインストールすることができますが、複数のライブラリをインストールする際の並列処理やライブラリの依存に対する扱いで秀でているyarnコマンドを利用します。

```
$ yarn install --pure-lockfile
```

.env.production ファイルの修正

プロジェクトのルートディレクトリにある ".env.production.sample" というファイルがあるのでこれを ".env.production" にコピーし、".env.production" に対して編集を加えていきます。".env.production" ファイルにはインスタンスのドメイン名やデータベースへの接続情報など、インスタンス固有の設定が設けられており、これを自分のインスタンスに合わせて変更します。

```
$ cp .env.production.sample .env.production
$ rcode .env.production
```

まず "REDIS_HOST" を "localhost" に設定し、"DB_HOST" を "/var/run/postgresql" に変更します。また、ここでは "DB_USER" を自分のUNIXユーザー名（本書では "kojima"）に変更し、"DB_NAME" を "mastodon_production" に変更します。"LOCAL_DOMAIN" には契約したドメイン名を指定します。

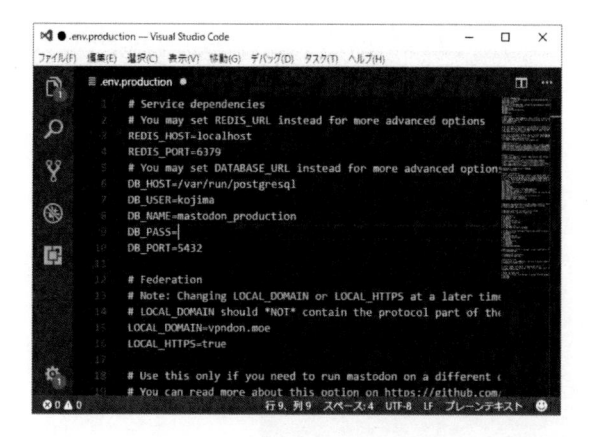

　次に、インスタンスのシークレットをPAPERCLIP_SECRET、SECRET_KEY_BASE、OTP_SECRETにそれぞれ設定します。シークレットとはWebアプリケーションが利用する秘密の文字列で、Webアプリケーションにアクセスするユーザーに配布するセッションIDを生成したりユーザーのパスワードをハッシュ化するのに利用されます。

　シークレットにはランダムな値を使用し、誰からも知られないようにする必要があります。マストドンにはこのシークレットを生成する為のrakeタスクが存在するので、これを利用してシークレットの文字列を生成します。

```
$ bundle exec rails secret
```

　これによって得られた文字列をPuTTYからコピーし、"PAPERCLIP_SECRET"に貼り付けます。同様に"SECRET_KEY_BASE"と"OPT_SECRET"にも新たに生成された文字列を追加してください。それぞれの文字列が互いに異なるよう、3回 bundle exec rails secret を実行する必要があります。

最後におひとり様マストドンを実現するため "SINGLE_USER_MODE" のコメントを削除して、trueになるように設定します。

データベースの初期化

　インスタンスが利用するデータベースはまだ空の状態です。テーブルの定義もありません。以下のコマンドを実行することで実際にデータベースを初期化し、利用可能な状態にします。

```
$ RAILS_ENV=production bundle exec rails db:setup
```

CSS/JavaScriptへのトランスパイル

　かつてまだインターネットが生まれて間もない頃、CSSやJavaScriptはHTMLと同様にWebデザイナによって直接手を加えられ、FTPを通してサーバーにアップロードされていました。今日では複雑なCSSやJavaScriptを実現する為、これらのファイルは直接操作されません。SCSSやTypeScript等のより表現力の高いシンタックスで記述され、サーバー

へ投入する直前にブラウザが処理できる CSS や JavaScript に変換されます。この変換の事をトランスパイルと呼びます。

　マストドンもトランスパイルを必要とします。トランスパイルを実行するには、assets:precompile タスクを実行します。

```
$ RAILS_ENV=production bundle exec rails
assets:precompile
```

リバースプロキシの設定

　nginx のインストール手順で、全ての HTTP/HTTPS は一旦 nginx が受け付けると述べました。この節では nginx の設定ファイルを修正し、外部からのアクセスをインスタンスが立ち上げる各サービス毎に受け渡せるようにします。

```
$ sudo rcode /etc/nginx/conf.d/mastodon.conf
```

　新しいファイルが開きますので、冒頭の nginx の設定を本家のプロダクションガイド（https://github.com/tootsuite/documentation/blob/master/Running-Mastodon/Production-guide.md#things-to-look-out-for-when-upgrading-mastodon）からコピーして貼り付けます。

　テンプレートにはいくつか変更が必要な箇所があります。まず example.com となっている箇所を全て取得したドメイン名に置換する必要があります。また、"/home/mastodon/live/public" となっている箇所を "/opt/mastodon/live/public" に変更してください。

　VisualStudio Code の場合、Ctrl+Shift+f で検索ペインを開くことがで

きます。

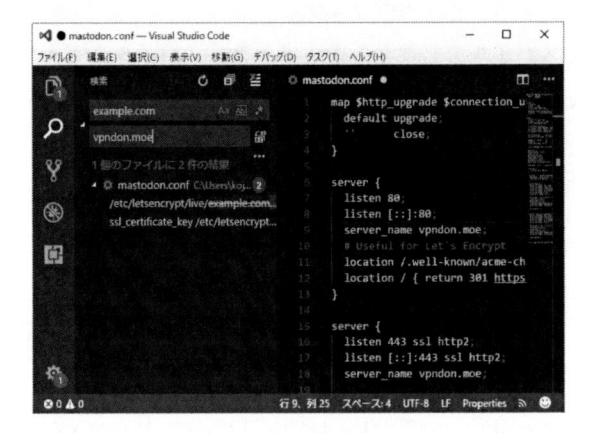

以下はドメイン名を "vpndon.moe"、ドキュメントルートを "/opt/
mastodon/live" とした時の設定ファイルです。

```
map $http_upgrade $connection_upgrade {
 default upgrade;
  ''       close;
}

server {
  listen 80;
  listen [::]:80;
  server_name vpndon.moe;
  # Useful for Let's Encrypt
  location /.well-known/acme-challenge/ { allow
all; }
  location / { return 301
https://$host$request_uri; }
}
```

```
server {
  listen 443 ssl http2;
  listen [::]:443 ssl http2;
  server_name vpndon.moe;

  ssl_protocols TLSv1.2;
  ssl_ciphers
HIGH:!MEDIUM:!LOW:!aNULL:!NULL:!SHA;
  ssl_prefer_server_ciphers on;
  ssl_session_cache shared:SSL:10m;

  ssl_certificate
/etc/letsencrypt/live/example.com/fullchain.pem;
  ssl_certificate_key
/etc/letsencrypt/live/example.com/privkey.pem;

  keepalive_timeout    70;
  sendfile             on;
  client_max_body_size 0;

  root /opt/mastodon/live/public;

  gzip on;
  gzip_disable "msie6";
  gzip_vary on;
  gzip_proxied any;
  gzip_comp_level 6;
  gzip_buffers 16 8k;
  gzip_http_version 1.1;
  gzip_types text/plain text/css application/json
application/javascript text/xml application/xml
application/xml+rss text/javascript;
```

```
  add_header Strict-Transport-Security
"max-age=31536000";

  location / {
    try_files $uri @proxy;
  }

  location ~
^/(packs|system/media_attachments/files|system/
accounts/avatars) {
    add_header Cache-Control "public,
max-age=31536000, immutable";
    try_files $uri @proxy;
  }

  location @proxy {
    proxy_set_header Host $host;
    proxy_set_header X-Real-IP $remote_addr;
    proxy_set_header X-Forwarded-For
$proxy_add_x_forwarded_for;
    proxy_set_header X-Forwarded-Proto https;
    proxy_set_header Proxy "";
    proxy_pass_header Server;

    proxy_pass http://127.0.0.1:3000;
    proxy_buffering off;
    proxy_redirect off;
    proxy_http_version 1.1;
    proxy_set_header Upgrade $http_upgrade;
    proxy_set_header Connection
$connection_upgrade;

    tcp_nodelay on;
```

```
    }

    location /api/v1/streaming {
        proxy_set_header Host $host;
        proxy_set_header X-Real-IP $remote_addr;
        proxy_set_header X-Forwarded-For
$proxy_add_x_forwarded_for;
        proxy_set_header X-Forwarded-Proto https;
        proxy_set_header Proxy "";

        proxy_pass http://127.0.0.1:4000;
        proxy_buffering off;
        proxy_redirect off;
        proxy_http_version 1.1;
        proxy_set_header Upgrade $http_upgrade;
        proxy_set_header Connection
$connection_upgrade;

        tcp_nodelay on;
    }

    error_page 500 501 502 503 504 /500.html;
}
```

systemdのユニットファイル作成

　インスタンスには3つのサービスが存在します。実際にユーザーがアクセスした際に動的なページを表示するweb、キューを処理するsidekiq、ストリーミングAPIを受け付けるstreamingです。インスタンスが動き続ける限り、これらのサービスは動作が保証されなければなりません。

そこで3つのサービス毎にsystemdのユニットファイルを作成することで、サーバーの起動時にこれらのサービスを立ち上げたり不具合発生時に再起動するよう担保させます。

　それぞれのユニットファイルでは実行時のユーザーを設定したり、環境変数を変更したりすることができます。実行ユーザーやパスはインストール時の設定に合わせて変更してください。ここではkojimaユーザーで設定を行います。

web

```
$ sudo rcode
/etc/systemd/system/mastodon-web.service
```

　以下の内容を記述します。

```
[Unit]
Description=mastodon-web
After=network.target

[Service]
Type=simple
User=kojima
WorkingDirectory=/opt/mastodon/live
Environment="RAILS_ENV=production"
Environment="PORT=3000"
ExecStart=/home/kojima/.rbenv/shims/bundle exec
puma -C config/puma.rb
TimeoutSec=15
Restart=always

[Install]
```

```
WantedBy=multi-user.target
```

sidekiq

```
$ sudo rcode
/etc/systemd/system/mastodon-sidekiq.service
```

webと同様にsidekiqもユニットファイルを作成します。

```
[Unit]
Description=mastodon-sidekiq
After=network.target

[Service]
Type=simple
User=kojima
WorkingDirectory=/opt/mastodon/live
Environment="RAILS_ENV=production"
Environment="DB_POOL=5"
ExecStart=/home/kojima/.rbenv/shims/bundle exec
sidekiq -c 5 -q default -q mailers -q pull -q
push
TimeoutSec=15
Restart=always

[Install]
WantedBy=multi-user.target
```

streaming

```
$ sudo rcode
/etc/systemd/system/mastodon-streaming.service
```

streaming APIはrubyと異なりnodeで動くので、実行ファイルのパスにrbenvでインストールしたホームディレクトリのshimsを指定する必要はありません。

```
[Unit]
Description=mastodon-streaming
After=network.target

[Service]
Type=simple
User=kojima
WorkingDirectory=/opt/mastodon/live
Environment="NODE_ENV=production"
Environment="PORT=4000"
ExecStart=/usr/bin/npm run start
TimeoutSec=15
Restart=always

[Install]
WantedBy=multi-user.target
```

ユニットファイルの有効化と起動

上記で追加したユニットファイルを有効にします。

```
$ sudo systemctl enable
```

```
/etc/systemd/system/mastodon-*.service
```

また、それぞれのサービスを起動します。

```
$ sudo systemctl start mastodon-web.service
$ sudo systemctl start mastodon-sidekiq.service
$ sudo systemctl start mastodon-streaming.service
```

nginxの設定ファイルを更新

nginxに追加したマストドンのリバースプロキシ設定を有効にするため、サービスをリロードさせます。

```
$ sudo systemctl reload nginx.service
```

この状態でドメイン名にアクセスすると、マストドンのデフォルトのトップページが表示されます。

管理者ユーザーの作成

お一人様マストドンでは、インスタンス内ではひとつだけの管理者ユーザーが存在します。ここからはマストドンの rake タスクを利用してユーザーの作成を行い、そのユーザーに対して管理者権限を付与します。

アカウントの作成

まずはアカウントの作成からです。ここでは "kojima@vpndon.moe" ユーザーを管理者としますが、アカウント名はもちろん好きなもので構いません。

```
$ RAILS_ENV=production bundle exec rails
mastodon:add_user
Enter email: shin@kojima.org
Enter username: kojima
Create user and send them confirmation mail
[y/N]: y
…
Here is the random password generated for the
user: *********
```

ランダムパスワードが発行されるので、これを記録しておきます。

アカウントの確認

本来であれば登録したEメールアドレスに確認メールが届くのですが、実はここまでにセットアップしたインスタンスではメールは届きません。インスタンスがメールを送信できるようにするにはマストドンとは別にメールに関するセットアップが必要だからです。

インターネットの黎明期から広く利用される既存のEメールシステムは、常に巧妙なスパムメールの脅威に晒され続けてきました。今日サー

バーが外部に向けてEメールを送信できるようにする為には、サーバー
が発信するメールがスパムでない事を証明できるよう、Eメールシステ
ムの仕組みに即した複数のセットアップが必要になります。

　本書はここまであえてEメールに関するセットアップについて言及を
避けてきました。お一人様インスタンスではEメール通知機能を利用し
なくてもアカウントを作成することができます。その為ここではEメー
ルのセットアップについて述べません。Eメール通知に関する詳細は後
述しますので参照してください。

　作成されたアカウントの確認も、アカウントの作成と同様にrakeタス
クから実行することができます。以下のコマンドで、USER_EMAILに
作成したアカウントのアドレスを入力してください。

```
$ RAILS_ENV=production bundle exec rails
mastodon:confirm_email USER_EMAIL=shin@kojima.org
```

管理者権限の付与

　次にこのアカウントに対して管理者権限を付与します。管理者権限が
付与されたユーザーは、マストドンのページから通常のユーザーと異な
る管理画面を開くことができます。例えばインスタンスの名前を変更し
たり、特定のユーザーを管理したりといった作業が可能になります。

```
$ RAILS_ENV=production bundle exec rails
mastodon:make_admin USERNAME=kojima
```

　USERNAMEには作成したアカウントのユーザー名を入力してくださ
い。先程がEメールアドレスだったのと異なっていますので注意が必要
です。

管理者としてログイン

　マストドンのトップページにある"参加する"ボタンのすぐ下に"ロ
グイン"リンクがあるので、それをクリックします。作成したアカウン
トのEメールアドレスとアカウント作成時に生成されたランダムなパス
ワードを入力し、ログインします。

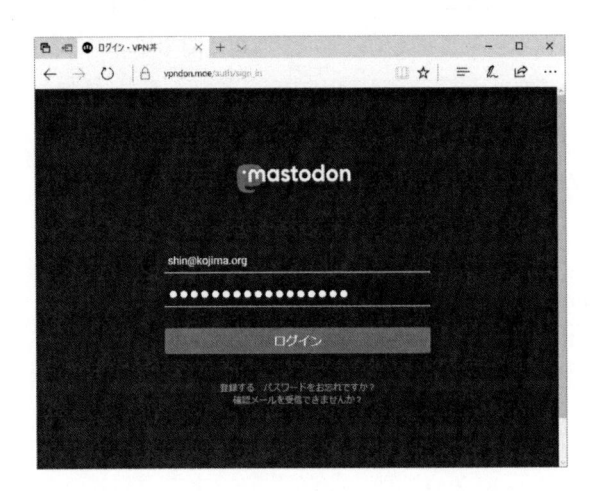

　問題なくアカウントが作成されていれば、以下のような画面になり
ます。

新規ユーザーのサインイン防止と初期設定

　無事お一人様マストドンを建てる事に成功しましたが、他のインスタンスにいるユーザーと交流する前にやっておきたい設定がいくつかあります。

　まず、このインスタンスではEメール通知が機能しないので、ユーザー設定からEメール通知に関する全ての設定をOFFにしておきます。

次に、"セキュリティ"からランダムに作成されていたアカウントのパスワードを自分だけが知るパスワードに変更しておきます。

最後に、"管理"メニューから"サイト設定"を開き、インスタンスの名前をつけて、"新規登録を受け付ける"を無効にします。

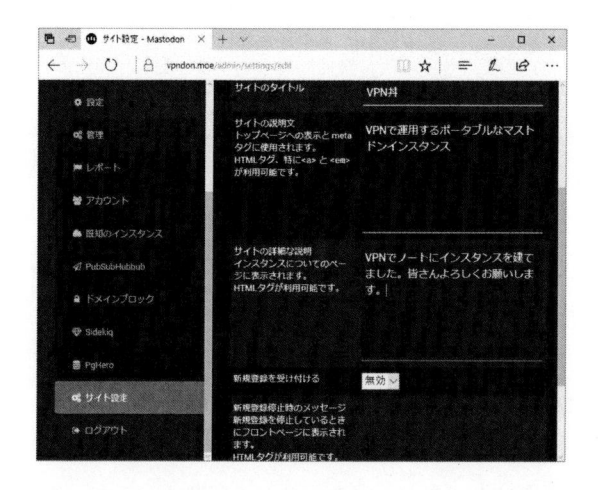

Let's Encryptの自動更新

　ここまででインスタンスの作成は一通り完了しました。知人のアカウントをこのインスタンスからリモートフォローしたり、メッセージを送り合って交流する事ができます。一体これ以上まだ何をする必要があるのでしょうか？

　実はSSL証明書として使用しているLet's Encryptは、90日の期限が定められています。この期間が経過してしまうと、ユーザーも他インスタンスも適切に接続ができなくなります。とはいえこれを毎回手動でやるのは面倒ですので、定期処理として自動的に更新が行われるようセットアップしておきます。

anacronのインストール

　Linuxで定期処理を行う場合はcronと呼ばれるデーモンを利用するのが一般的で、これに周期とタスクを登録することで自動化を行います。cronに登録されるタスクのことをcronジョブと呼び、あらかじめ決めら

れたタイミングでジョブを実行します。

　しかし、Ubuntu にデフォルトでインストールされている cron はサーバーが 24 時間 365 日動き続けている事が想定されています。どういうことかというと、当然のこととは言え cron で指定した時間に Ubuntu が起動していないとジョブが実行されず、単純に無視されてしまうからです。テレビの CM でしか見たことの無いような、立派なサーバールームの立派なラックに積まれたサーバーであればいざ知らず、頻繁に持ち運んで電源コードを抜き差しするノートパソコン上の VM では心許ない限りです。

　anacron は cron のこうした取りこぼしをカバーし、実行されていないタスクを後から回収してくれます。その代わり何時何分何秒というような厳密な時刻を設定できないのですが、マストドンの定期メンテナンスとしては十分でしょう。以下のコマンドを実行することで anacron をインストールします。

```
$ sudo apt-get install anacron
```

証明書の更新と nginx のリロード

　cron ジョブを設定するには、crontab コマンドを使います。cron ジョブは UNIX ユーザー毎に設定することができ、それぞれのジョブはそのユーザーが実行できる権限の範囲内で定期タスクを登録することができます。

　letsencrypt コマンドを使用した時に sudo コマンドを利用した通り、証明書の更新には root 権限が必要です。証明書の期限は 90 日ですので、余裕を持って月に一回の cron ジョブとして root に登録します。

```
$ echo  '@monthly letsencrypt certonly --webroot
-d vpndon.moe -w /opt/mastodon/live/public
```

```
--keep-until-expiring && systemctl reload
nginx.service'  | sudo crontab
```

　証明書が更新された場合は明示的にnginxで設定を読み直す必要があります。nginxのリロードはsystemctlから行います。以下のコマンドで実際にrootのcronジョブとして登録されているか確認します。

```
$ sudo crontab -u root -l
```

データのバックアップ

　インスタンスを長く運用しているとオペレーションミスや障害のリスクは避けて通れません。問題が発生した時に復旧できるか、できるとしたらどれぐらいの時間で復旧できるかは、マストドンに限らずサーバー管理者の力量の見せ所です。

　この章ではマストドンが持つデータをバックアップする手順について、DBとファイルに分けて説明します。

PostgreSQLのダンプ

　インスタンスのセットアップで説明した様に、マストドンではユーザのアカウント名や設定といった情報をPostgreSQLに格納しています。このPostgreSQLにはpg_dumpallと呼ばれるユーティリティコマンドが用意されており、これを使ってデータベースをまるごとバックアップすることができます。

　まず、バックアップの為のディレクトリを用意します。もしWindows側で保存したい場合はVMwareのフォルダの共有機能を使って保存用のディレクトリを用意してください。現在のユーザが書き込めるよう、ディレクトリに適切なパーミッションを与える必要があります。

```
$ sudo mkdir /backup
$ sudo chown root:kojima /backup
$ sudo chmod g+w /backup
```

　バックアップには以下のコマンドを実行します。

```
$ sudo -u postgres pg_dumpall > /backup/pg.sql
```

Redisのダンプ

　PostgreSQLがユーザのデータを格納しているのとは別に、sidekiq のキューはRedisに保存されています。Redisのデータを保存するには redis-cliコマンドを利用します。

```
$ redis-cli save
```

　Redisのバックアップファイルはデフォルトであれば/var/lib/redisの 中に保存されています。詳しくは/etc/redis/redis.confを参照してくだ さい。

```
$ sudo cp /var/lib/redis/dump.rdb
/backup/redis.rdb
```

ファイルのコピー

　最後にユーザのアップロードしたメディアやアイコンなどをバックアッ プします。これらのファイルはマストドンのディレクトリにある public/ systemディレクトリに保存されています。

```
$ cd /opt/mastodon/live/public
$ tar zcvf /backup/system.tar.gz system
```

マストドンのアップデート

　マストドンは日々アップデートが行われています。その内容にはセキュリティに関するものもありますし、新機能に関するものもあります。ここではマストドンをアップデートする方法について述べます。

リリースノートを確認する

　マストドンを管理する上で、アップデートは非常に重要な保守作業のひとつです。GitHubからクローンされたマストドンのコードはその時点の最新版でしかなく、未発見の問題に対するパッチや今後新しく追加される機能は都度反映させなければなりません。

　マストドンの新しいバージョンを確認するには、GitHub上にあるリリースノート[1]を確認するのが一番です。リリースノートはRSSを発行していますので、読者が使われているRSSリーダーを使って購読しておくと常に変更に対応することができます。

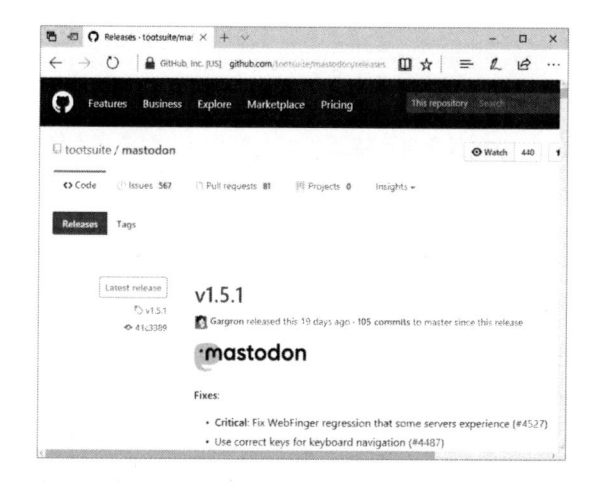

　リリースノートに変更があった際、インスタンス管理者はその内容に
よってアップデートを迫られる場合があります。

gitの操作

　仮にマストドンの新しいバージョンがリリースされ、これから自分の
インスタンスをアップデートしなければならないとします。まずは予め
設定してあったupstreamリモートから、最新の情報を取得します。

```
$ cd /opt/mastodon/live
$ git fetch upstream
```

　次にタグ一覧を表示し、リリースノートで述べられている新しいバー
ジョンが存在することを確認して、目当てのバージョンをチェックアウ
トします。

```
$ git tag
$ git checkout vXXX
```

Upgrade notes

　これでソースコードは新しくなりました。リリースノートをもう一度見直し、"Upgrade notes"の項目を再度確認してください。おそらく以下のような記述が書かれています。

> Upgrade notes:
>
> Non-Docker only:
>
> - Dependency updates: bundle install
>
> Both Docker and non-Docker:
>
> - This release includes changes to assets, that means you need to run RAILS_ENV=production bundle exec rails assets:precompile (in Docker: docker-compose run --rm web rails assets:precompile)

　これはアップデートに伴うソースコードの変更と共にインスタンス管理者が行うべき作業が記されたものです。我々はDockerを使わずにインスタンスを構築したので、"Non-Docker only:"の項目を見る必要があります。上記の場合、まず bundle install をするように指定されています。

```
$ bundle install
```

　"Both Docker and non-Docker:"の項目も同様に対応する必要があります。Railsのprecompileを実行する必要があるので、そのように行います。

```
$ RAILS_ENV=production bundle exec rails
assets:precompile
```

サービスの再起動

　アップデートの準備が整ったら、サービスを再起動します。ユーザを抱えているインスタンスの管理者は前もってユーザに対してサービスの再起動に伴う接続断について連絡しておくといいでしょう。

```
$ sudo systemctl restart mastodon-web.service
mastodon-sidekiq.service
mastodon-streaming.service
```

1.https://github.com/tootsuite/mastodon/releases

付録1：ユーザーを募る

　本編では「お一人様マストドン」のセットアップについて記述しましたが、お一人様ではなく他のユーザーをインスタンスに招き入れるには、少なくともサインイン時のアカウント確認やリプライ通知によって、ユーザーがEメールを受け取れるようになっていなければなりません。

　ここではメールサーバーの設定を軸に、マストドンのお一人様設定を解除する方法について述べます。

Eメールの概要

なぜEメールが重要なのか

　マストドンに限らず、EメールはWebアプリケーション開発における大きなトピックの一つです。それはわかりづらく・複雑で・野暮ったい仕様を引きずったまま、しかし本人確認の唯一の手段としてあらゆるWebアプリケーションに利用されてきました。FacebookやTwitterもEメール無しにはアカウントすら作れません。パスワードの再設定にEメールによる確認を要求するものも多くあります。新進気鋭のSNSがEメールを過去のものにするだろうと言われた事もありましたが、畢竟SNSを含む現実のWebアプリケーションはEメール無しには何もできないのです。

　WebブラウザでGmailのようなウェブメールを利用している人は多いと思います。中にはThunderbirdのようなメーラを使ってGmailからEメールを取得したり、会社や学校から「SMTPサーバーがあれで、IMAP/POP3サーバーがこれで」といった感じで、メーラへの設定を促された読者もいるかもしれません。この十数年でウェブメールの利便性が飛躍的

に向上し、Eメールの仕組みが話題に上ることもメールサーバーを設定する機会も圧倒的に少なくなったように感じます。Webアプリケーションには依然Eメールが必要であるのに、Eメールに関する仕様やセットアップ方法はそのややこしさから開発の場では暗黙の了解として省略されることが少なくありません。

なぜEメールはややこしいのか

　Eメールがややこしいのは、"迷惑メール対策"への対応が必要な為です。インスタンスから送られるEメールは、送信先の迷惑メール対策をかいくぐり、無事ユーザーの受信箱に届けられなければなりません。

　中央管理機能が存在しないEメールでのやりとりは、今日に至るまで巧妙なフィッシングメールや広告メールに常に苛まれてきました。Eメールを送受信するメールサーバー運営者は迷惑メールを選り分ける事に腐心し、Eメールの利用者は山のようにフィルタリングルールを設け、迷惑メールを避ける為のさまざまな仕組みが考案されるようになりました。仕組みのほとんどは、Eメールを送信しようとするメールサーバーの運営者が一手間二手間かける必要のあるものばかりです。Eメールがきちんと相手に届くようにするには、手間をかける必要があるのです。

　実はマストドンではドキュメントにこそ言及されていないものの、フリーで試用できるメール送信クラウドサービスのmailgunのURLが設定ファイルの.env.productionに含まれています。

```
SMTP_SERVER=smtp.mailgun.org
```

　もちろんEメールにまつわる諸々の問題をスルーしてこのままmailgunを利用するのも構わないのですが、mailgunを無料で使う限り不特定多数のユーザーが同じメール送信サーバーを共有することになるので、もし仮に迷惑メール送信者が同じサーバーを使っていると送信先のサーバー

管理者からメールを受け取ってもらえなくなるかもしれません。mailgun のようなサービスが利用料金を要求する程度に、Eメールの送信は一筋縄ではいきません。

　ここではmailgunの代わりにpostfixと呼ばれるメール送信エージェント（MTA）をインスタンスが入っているUbuntuにインストールし、インスタンスが利用できるようセットアップします。

メールサーバーのセットアップ

Postfixのインストール

　Postfixは現在よく利用されるメール転送エージェント（MTA）のひとつです。設定項目が多岐に亘り、メールの送信のみならず受信やリレーといった機能も持ちますが、マストドンはメールを送信するだけで事足りますので必要最小限の設定のみでベースとなるメールサービスをセットアップします。

```
$ sudo apt-get install postfix
```

　Tabキーを押して、OKにカーソルを合わせ、Enterキーを押します。

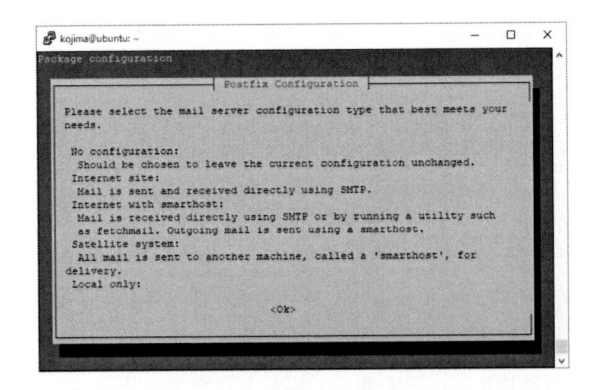

"Internet Site" を選択します。

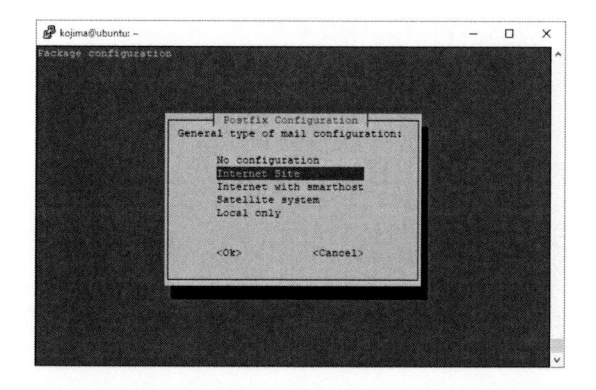

"System mail name:" に取得したドメイン名を入力します。

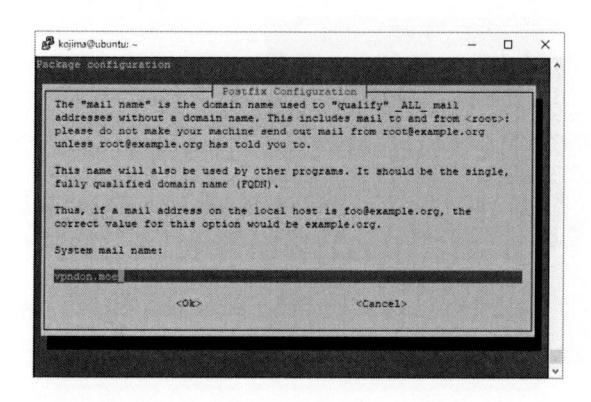

　次にUbuntuのホスト名を取得したドメインに設定するため以下のコマンドを実行します。

```
$ sudo hostname vpndon.moe
```

　Postfixの設定ファイルである/etc/postfix/main.cfを以下のコマンド

で書き換えます。

```
$ sudo rcode /etc/postfix/main.cf
```

"inet_interfaces" と "mydestination" を以下の項目にそれぞれ書き換えます。

```
inet_interfaces = loopback-only
mydestination = $myhostname, localhost.$mydomain,
$mydomain
```

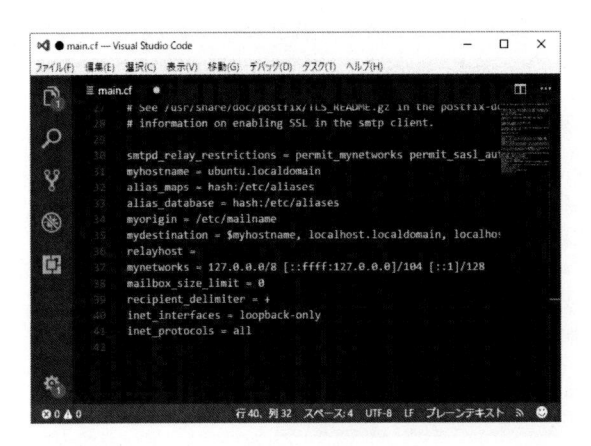

　Postfix をサービスとして起動し、サーバー起動時に自動起動するよう設定します。

```
$ sudo systemctl start postfix.service
$ sudo systemctl enable postfix.service
```

　これで Postfix の基本設定は完了です。

SPFレコードの設定

　メールヘッダは誰でも書き換える事ができます。今もあなたの名前を騙ってどこか知らないところでメールがやりとりされているかもしれません。SPFレコードはこういった成りすましを防ぐために考案されました。

　具体的にはDNSのTXTレコード上に「このドメインが送る可能性のあるEメールの送信元IPアドレスを記述する」ことで、受信サーバーがそのIPアドレスを検証できるようにします。スパムメールが自分のメールヘッダをいくらでも書き換えられるのに対して、送信元IPアドレスやDNS情報を偽装するのは容易ではないため、Eメールの送信元IPアドレスを限定することができます。

　早速SPFレコードを設定してみましょう。ここではもちろん取得したドメイン名である"vpndon.moe"に対して変更を行います。IPアドレスはマイIPソフトイーサ版で契約した"120.143.13.241"を使用します。Webブラウザでhttps://ias.il24.net/に接続し、コントロールパネルからドメインマネージャーを選択し、ZONEファイルの設定を選択して"次へ"をクリックします。

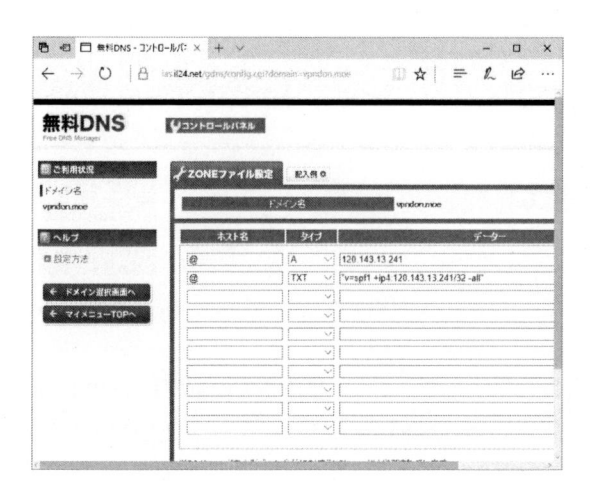

SPFレコードの書式に従えば複雑なルールも設定可能ですが、ここで
は単一のIPアドレスのみを許可し、それ以外の送信元IPアドレスを拒否
させたいので、以下の様に記述します。

```
"v=spf1 +ip4:120.143.13.241/32 -all"
```

　ダブルクォーテーションで囲われている事に注意してください。正し
く設定できているかはSPFレコードの確認サイト[1]から確認することが
可能です。
　"送信メールサーバー"に"vpndon.moe"を、Eメールアドレスに
"admin@vpndon.moe"を入力してSPFレコードが正しいかを確認します。

DNS応答の正逆一致

　これに関してはもう既に完了しています。事前準備の章でDNSの逆引
き設定を行ったのを思い出してください。インターネットはIPアドレス
を頼りにネットワークを構成しています。ネットワーク上ドメイン名は

IPアドレスの別名に過ぎず、インターネットに接続している全てのマシンはドメイン名を元にIPアドレスを参照して接続しています。

逆引き設定とは、まさにこの逆となるIPアドレスを元にドメイン名を参照する設定の事を指します。逆引き設定に用いられるDNSレコードのことをPTRレコードと呼び、正引きのAレコードがドメイン名に対して設定されるのと同様に、逆引きではPTRレコードをIPアドレスに設定されます。

IPアドレスに紐付いてDNSレコードを設定できるということは、少なくともそのIPアドレスをネットワークで使用する権利を有するという意味になります。これは一般的にドメイン名を取得する以上に厳格な身分証明をサービスプロバイダに対して行う必要があり、逆引き設定が行われていないIPアドレスに比べて宛先となるメール受信サーバーに信用を与える事ができます。

メールの送信確認

最後にメールがちゃんと外部のサーバーに対して送信できるか確認します。mailutilsパッケージにはその名もずばりmailという名前のコマンドがあり、これを使ってコマンドラインからメールを送信することができます。

```
$ sudo apt-get install mailutils
$ echo test | mail -s 'Test Subject'
yourmailaddress@example.com
```

"youremailaddress@example.com"には読者のメールアドレスを入力してください。このコマンドでメールが届いていれば、設定が正しく完了しています。

お一人様設定の解除とメールの設定

　メールは送れるようになりましたが、インスタンスがメールを送るためにはインスタンス自体がどのようにメールを送信すればよいのか知っている必要があります。冒頭に書いたとおり、マストドンのメールの設定は".env.production"ファイルで行います。

```
$ rcode /opt/mastodon/live/.env.production
```

　SMTP_SERVERをmailgunから127.0.0.1に変更し、SMTP_PORTを25に設定します。

　また、SMTP_FROM_ADDRESSを取得したドメイン名に合わせて"admin@vpndon.moe"に変更します。

　SMTP_DELIVERY_METHODは行頭のコメントを外し"smtp"に、SMTP_AUTH_METHODは"plain"とし、SMTP_OPENSSL_VERIFY_MODEとSMTP_ENABLE_STARTTLS_AUTOをそれぞれ"none"とします。

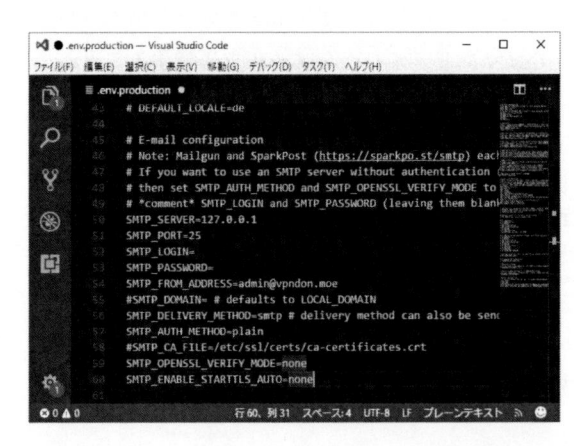

また、おひとり様マストドンの設定の際に行っていた SINGLE_USER_MODEの設定をコメントアウトします。

サービスの再起動

　マストドンはEメールの送信ジョブをsidekiqのキューとしてスタックします。設定を変更したので、一旦サービスを再起動させます。

```
$ sudo systemctl restart mastodon-*
```

1.https://diag.interlink.or.jp/spf

付録2：開発に参加する

　ここまでマストドンのインストールと保守管理の基礎を簡単にご紹介しました。インスタンスも立ち上げられましたし、ユーザーに使ってもらう事もできました。これ以上何か必要な事があるでしょうか？

　実はここからが本題です。ご存知の通り、マストドンはオープンソースで開発が進められています。営利企業が旗を振って開発を進めているのとは異なり、世界中からマストドンの開発者が「あったら良いな」と思う機能をそれぞれ持ち寄って、日々マストドンに貢献しています。これはTwitterやFacebookには無いマストドンの特色と言ってよいかもしれません。ユーザーは開発に参加することによって、マストドンというソーシャルの真の醍醐味を感じる事ができるのです。

不具合や改善点を見つけたら

　マストドンは常に完璧ではありません。今までもそうでしたし、おそらく今後もそうでしょう。開発への第一歩は、自分のインスタンスに潜む不具合や改善点を見つけるところから始まります。

　まずはその不具合や改善点を観察してみましょう。何か特定のエラー表記を含んでいたり、現象がはっきりしていれば一度GitHub上のissue[1]を検索してみる事をおすすめします。読者の環境で発生する問題は他の環境でも発生している可能性が大きいですし、場合によっては解決案も回答されているかもしれません。

　もしissueに問題が見つからなければ、その時は自分がissueを書く番です。簡単な英語で構いませんが、具体的にどのような問題があるかを説明すれば回答を得やすいでしょう。

ライセンスを確認する

　GitHub issueは開発者にとって宝の山です。もしあなたが開発者で、自分にとって解決できそうな問題がissueに上がっていれば、マストドンのソースコードに飛び込んで解決できるか試みてみましょう。ただし、その前に必ずライセンス[2]について承諾するようにしてください。

　マストドンは現在AGPLでライセンスされています。マストドンのソースコードに手を加える場合、その権利はライセンスが定める制約に限定されます。ここではAGPLについて詳しく説明しませんが、ライセンスを遵守するように努めてください。

ブランチの切り方

　ここでは先日私が行ったプルリクエスト[3]を例に修正手順を再現します。当時私はインスタンスのテーマカラーをうまく変更できないか試行錯誤しており、その際にブーストボタンだけ色が変わらない不具合を発見しました。まずは現行で動いているバージョンのタグから開発用にローカルブランチを作成し、コードを修正する準備を行います。

```
$ cd /opt/mastodon/live
$ git checkout -b boost_color
```

ファイルの修正

　問題のファイルが "app/javascript/styles/boost.scss" にあることを突き止め、ファイルに変更を加えてテストを実行します。テストの実行にはrspecコマンドが必要なので、あらかじめbundleでインストールしておきます。

```
$ bundle install --with development
```

　またrspecを実行するにはテスト用のダミーのデータベースが必要な為、これも用意しておきます。RAILS_ENVを設定していない点に注意してください。

```
$ bundle exec rails db:setup
```

　テストの実行には以下のコマンドを実行します。

```
$ bundle exec rspec
```

　ローカルブランチに対してコミットを行い、自分のGitHubアカウント上にクローンしたマストドンのリポジトリにリモートブランチとしてpushします。

```
$ git commit
$ git push -u origin boost_color
```

GitHubでPull Request

　ウェブブラウザからgithub.comにアクセス後、pushしたリモートブランチを確認して、プルリクエストボタンを押します。その後はメンテナによるコードレビューを経て、問題が無ければ本家のmasterブランチに反映されます。

1.https://github.com/tootsuite/mastodon/issues

2.https://github.com/tootsuite/mastodon/blob/master/LICENSE

3.https://github.com/tootsuite/mastodon/pull/4086

付録2：開発に参加する　　117

あとがき

　Webアプリケーション開発は日々複雑さを増しています。優れたツールや新しい概念が次々と生み出され、それらによって我々は恩恵を受けられるはずが、開発の心理的な障壁やコストは高まる一方です。かつてWebはここまで複雑ではありませんでした。

　この傾向はおそらく今後もしばらく続くでしょう。なぜならWebアプリケーションが解決しようとしている問題は、プロトコルやハードウェア、人間の習慣といった流動性の低い基盤との互換性を保ちつつ、移ろいやすく気まぐれな人間の興味と好奇心に応えようとするものだからです。

　この20年ちょっとの間、Web企業は市場のニーズに応える為に魔法の様なプロダクトを作り続けてきました。目を見張る独創的な視覚効果や、ちょっとやそっとじゃ真似できないユーザーを驚かせる為の様々な仕掛けも大量に用意されました。それはユーザーを喜ばせる事には成功したかもしれませんが、同時にユーザーにWeb開発は難しいという負の印象をもたらしてきたのです。

　誤解を恐れずに言えば、マストドンは決して魔法の様なプロダクトではありません。それは互換性を維持するために用意された様々なツールのサンプルプログラムの様なものをかき集めただけの、しかしそれらをうまく繋ぎ合わせなんとか動くよう施された、素晴らしい魅力を秘めた自由なソフトウェアです。少し手を伸ばせば自分でも届くのではないかと思わせてくれる何かがマストドンにはあります。

　本書が読者にとってWeb開発への興味に対する刺激となり、マストドンをきっかけにこの分野に足を踏み入れてくれることを願っています。

児島　新

著者紹介

児島 新 (こじま しん)

1983年香川県出身。高校を卒業後、中華人民共和国に渡り清華大学の経済学部情報管理学科を卒業する。帰国後株式会社インターリンクにて開発業務に従事。GitHub：https://github.com/ernix

◎本書スタッフ
アートディレクター/装丁：岡田章志＋GY
デジタル編集：栗原 翔

●お断り
掲載したURLは2017年9月1日現在のものです。サイトの都合で変更されることがあります。また、電子版ではURLにハイパーリンクを設定していますが、端末やビューアー、リンク先のファイルタイプによっては表示されないことがあります。あらかじめご了承ください。
●本書の内容についてのお問い合わせ先
株式会社インプレスR&D　メール窓口
np-info@impress.co.jp
件名に「『本書名』問い合わせ係」と明記してお送りください。
電話やFAX、郵便でのご質問にはお答えできません。返信までには、しばらくお時間をいただく場合があります。なお、本書の範囲を超えるご質問にはお答えしかねますので、あらかじめご了承ください。
また、本書の内容についてはNextPublishingオフィシャルWebサイトにて情報を公開しております。
http://nextpublishing.jp/

●落丁・乱丁本はお手数ですが、インプレスカスタマーセンターまでお送りください。送料弊社負担に てお取り替えさせていただきます。但し、古書店で購入されたものについてはお取り替えできません。
■読者の窓口
インプレスカスタマーセンター
〒 101-0051
東京都千代田区神田神保町一丁目 105番地
TEL 03-6837-5016／FAX 03-6837-5023
info@impress.co.jp
■書店／販売店のご注文窓口
株式会社インプレス受注センター
TEL 048-449-8040／FAX 048-449-8041

自宅・ノートPCインスタンス構築ガイド
～マストドンを持って街へ出よう！～

2017年9月15日　初版発行Ver.1.0（PDF版）

著　者　児島 新
編集人　山城敬
発行人　井芹 昌信
発　行　株式会社インプレスR&D
　　　　〒101-0051
　　　　東京都千代田区神田神保町一丁目105番地
　　　　http://nextpublishing.jp/
発　売　株式会社インプレス
　　　　〒101-0051　東京都千代田区神田神保町一丁目105番地

●本書は著作権法上の保護を受けています。本書の一部あるいは全部について株式会社インプレスR&Dから文書による許諾を得ずに、いかなる方法においても無断で複写、複製することは禁じられています。

©2017 INTERLINK CO., LTD. All rights reserved.

印刷・製本　京葉流通倉庫株式会社
Printed in Japan

ISBN978-4-8443-9795-3

Next Publishing®

●本書はNextPublishingメソッドによって発行されています。
NextPublishingメソッドは株式会社インプレスR&Dが開発した、電子書籍と印刷書籍を同時発行できるデジタルファースト型の新出版方式です。http://nextpublishing.jp/